T. Levi-Civita

Fragen der klassischen und relativistischen Mechanik

Reprint

Springer-Verlag
Berlin Heidelberg New York 1973

AMS Subject Classifications (1970): 53A99, 70F10, 70F15
70F30, 78A05, 83C99

ISBN-13:978-3-540-06046-8 e-ISBN-13:978-3-642-65489-3
DOI: 10.1007/978-3-642-65489-3

Das Werk ist urheberrechtlich geschützt. Die dadurch begründeten Rechte, insbesondere die der Übersetzung, des Nachdrucks, der Entnahme von Abbildungen, der Funksendung, der Wiedergabe auf fotomechanischem oder ähnlichem Wege und der Speicherung in Datenverarbeitungsanlagen bleiben, auch bei nur auszugsweiser Verwendung, vorbehalten

Bei Vervielfältigungen für gewerbliche Zwecke ist gemäß § 54 UrhG eine Vergütung an den Verlag zu zahlen, deren Höhe mit dem Verlag zu vereinbaren ist

Library of Congress Catalog Card Number 72-91894

FRAGEN DER KLASSISCHEN UND RELATIVISTISCHEN MECHANIK

VIER VORTRÄGE
GEHALTEN IN SPANIEN
IM JANUAR 1921

VON

T. LEVI-CIVITA
PROFESSOR IN ROM

AUTORISIERTE ÜBERSETZUNG

MIT 13 TEXTFIGUREN

BERLIN
VERLAG VON JULIUS SPRINGER
1924

Vorwort.

Die vorliegenden Vorträge wurden im Januar 1921 in Barcelona gehalten. Unserer Übersetzung liegt der katalanische Text und die italienische Ausgabe des 4. Vortrages zugrunde, sowie das italienische Manuskript der drei ersten Vorträge, das uns Herr Prof. Levi-Cività in liebenswürdigster Weise zur Verfügung gestellt hat. Hierfür und für die Durchsicht unserer Übersetzung sprechen wir unseren herzlichsten Dank aus.

Die einzelnen Vorträge wurden unter die Übersetzer wie folgt verteilt: der erste Vortrag wurde von P. Hertz unter gütiger Mitwirkung von Ch. H. Müntz übersetzt, der zweite von A. Ostrowski, der dritte von H. Kneser und der vierte von P. Hertz.

Göttingen, im März 1924.

P. Hertz · H. Kneser · A. Ostrowski.

Inhaltsverzeichnis.

Erster Vortrag.
Die Regularisierung des Drei-Körper-Problems und ihre Tragweite.

Seite

1. Allgemeines über die Integration der gewöhnlichen Differentialgleichungen 1
2. Das Drei-Körper-Problem. — Zusammenfassung der Untersuchungen über die Stoßbedingungen 4
3. Erste Durchführung der Regularisierung. — Das Sundmansche Hauptresultat 7
4. Das ebene Problem. — Hilfssätze über das analytische Verhalten 8
5. Kanonische Regularisierung des ebenen Problems 10
6. Das räumliche Problem. — Verschiedene Arten elliptischer Elemente 13
7. Kanonische von der parabolischen Bewegung abgeleitete Regularisierung eines binären Stoßes 17
8. Symmetrische Parameter. — Vollständige Regularisierung . . . 18
9. In welchem Sinne man das Problem als gelöst ansehen darf . . 20
10. Mechanische Bedeutung der analytischen Fortsetzung 20
11. Voraussagen für die nächste Zeit. — Säkulare Sicherheit 22
12. Kritische Zweifel. — Anschauliche Rechtfertigung der Sicherheitsbedingung. — Allgemeine Betrachtungen 23

Zweiter Vortrag.
Flüssigkeitswellen: Ausbreitung in Kanälen.

1. Was versteht man unter einer Wellenbewegung? 26
2. Fortschreitende Wellen von permanentem Typus. — Haupteigenschaften 28
3. Zykloidale Wellen von GERSTNER. — Ihre unzureichende Übereinstimmung mit den wirklichen Vorgängen 30
4. Wirbelfreie Wellen 32
5. Der Satz vom Massentransport 35
6. Analytische Folgerungen 37
7. Die Gleichungen des Massentransports. — Die Notwendigkeit der Existenz eines Massentransports auf der Oberfläche 39
8. Darstellung der mittleren Transportgeschwindigkeit 45
9. Dynamische Bedingungen. — Die charakteristische Funktionalgleichung 46
10. Periodische Wellen. — Die entsprechende Form der Funktionalgleichung 48
11. Die erste Approximation. — Einfache Wellen 50
12. Die AIRYsche Gleichung 51

Inhaltsverzeichnis. **V**

13. Die expliziten Ausdrücke der verschiedenen Elemente der Bewegung 53
14. Bemerkung über die Berechnung von τ'. — Der Wert der Transportgeschwindigkeit. 54
15. Über die Existenz exakter Lösungen. — Die Untersuchungen von CISOTTI 57

Dritter Vortrag.
Parallelismus und Krümmung in einer beliebigen Mannigfaltigkeit.

1. Parallelismus auf einer Fläche. 59
2. Erste Folgerungen. — Flächenmäßige Äquipollenz von Vektoren. 60
3. Infinitesimale Verschiebung. — Differentielle Form des Gesetzes des Parallelismus. 61
4. Virtuelle Verschiebung. — Symbolische Gleichung 63
5. Der biegungsinvariante Charakter des flächenmäßigen Parallelismus 64
6. Analytische Darstellung. 64
7. Äquipollenzverschiebung. — Vertauschbarkeit 68
8. Über Mannigfaltigkeiten beliebiger Dimension 71
9. Ausdehnung des Begriffs Parallelismus. — Daraus entspringende Formeln und Haupteigenschaften 73
10. Der Satz von SEVERI 75
11. Einige Formeln 76
12. Verschiebung einer Richtung längs eines geschlossenen Weges. — Fall eines unendlich kleinen Weges. — Winkeldifferenz. — Die Formel von PÉRÈS 78

Vierter Vortrag.
Die geometrische Optik und das allgemeine EINSTEINsche Relativitätsprinzip.

I. Kurze Darstellung der klassischen geometrischen Optik 86
   1. Allgemeines. — Brechungsgesetz. — FERMATsches Prinzip . . 86
   2. Ein aus mehreren Schichten zusammengesetztes Medium. — Grenzfall. — Das dem FERMATschen Prinzip entsprechende Variationsprinzip 88
   3. Dynamische Bahnkurven in konservativen Kraftfeldern. — Die einem gegebenen Wert für die Konstante der lebendigen Kraft entsprechende Schar. — Differentialgleichungen der Schar. — Prinzip der kleinsten Wirkung 90
   4. Identität von Lichtstrahlen und Scharen dynamischer Bahnkurven. — Unterordnung jener unter diese. 92
I. Energie und Materie als verschiedene Erscheinungsformen ein und derselben physikalischen Wesenheit. 94
   5. Radioaktive Erscheinungen. — Innere Energie der Materie. — Proportionalität zwischen Masse und Energie und Proportionalitätsfaktor 94
   6. Folgerungen für die Optik. — Krümmung der Lichtstrahlen in einem Kraftfeld. 95
   7. Numerische Abschätzungen des Gravitationsfeldes des Sonnensystems und der zu erwartenden Krümmung der Lichtstrahlen. 97

8. Maximaler Ablenkungswinkel, der die Sonnenkorona streifenden Lichtstrahlen. — Anwendung auf einen irdischen Beobachter. 100
9. Rückkehr zum allgemeinen Fall eines beliebigen Kraftfeldes. — Variationsbedingung für die Lichtstrahlen, die die gewöhnlichen mit dem Proportionalitätsprinzip verbundenen Anschauungen zusammenfaßt. 103

III. Die allgemeine Relativitätstheorie und ihre besonderen Folgerungen in bezug auf den Gang der Lichtstrahlen in einem Kraftfeld . 103
10. Raum und Zeit in der klassischen Physik. — Zerstörung der überkommenen Grundvoraussetzungen durch die Relativitätstheorie 103
11. Modifikation des Raumbegriffes. — Einfluß auf den Gang der Lichtstrahlen. — Endformel 106
12. Experimentelle Prüfung 108

Erster Vortrag.

Die Regularisierung des Drei-Körper-Problems und ihre Tragweite.

1. **Allgemeines über die Integration der gewöhnlichen Differentialgleichungen.** — Sei t eine unabhängige Variable und seien $x_1, x_2, \ldots, x_n$ unbekannte Funktionen von t, die ein normales System von Differentialgleichungen befriedigen sollen, d. h. ein System von der Form:

(1) $$\frac{dx_i}{dt} = X_i(x_1, x_2, \ldots, x_n, t) \qquad (i = 1, 2, \ldots n)$$

wo die rechten Seiten bestimmte Funktionen der x und von t sind.

Ein System zu integrieren, bedeutet stets — man kann wohl sagen seit Erfindung der Infinitesimalrechnung — in irgendeiner Weise die unbekannten Funktionen $x_i(t)$ zu charakterisieren. Was indes der beste Weg ist, zu diesem Ziele zu gelangen, wird sich nach der besonderen Art des betrachteten Problems richten. Aber die verfügbaren analytischen Mittel haben sich allmählich vermehrt und verfeinert.

Anfangs betrachtete man es als einziges Kriterium für eine Integration, daß soweit als möglich die Differentialgleichungen (1) durch ebensoviele endliche mit Hilfe der sogenannten elementaren Transzendenten ausgedrückte Gleichungen zwischen den x_i und t ersetzt sind, indem so die Diskussion des Verhaltens der Funktionen $x_i(t)$ auf ein elementareres Problem zurückgeführt wird, nämlich auf die Auflösung endlicher Gleichungen. In einigen Fällen gelangt man auf diese Weise zu einer erschöpfenden Charakterisierung der Unbekannten, aber in andern verschiebt man nur die Schwierigkeit; vor allem ist die Klasse der durch elementare Transzendente integrierbaren Gleichungen äußerst beschränkt; daher die Notwendigkeit, einen andern Ansatz für das Problem zu machen.

Schon die Analytiker des 18. Jahrhunderts versuchten Reihenentwicklungen und Näherungsverfahren; aber man mußte auf CAUCHY mit dem Beweis der Existenztheoreme warten. Mit diesem war zugleich eine systematische Behandlung des örtlichen Problems gegeben, d. h. die Konstruktion eines Algorithmus, der geeignet war, in der Form von Reihen die Funktionen $x_i(t)$ in einem hinreichend kleinen Bereich der Werte von t zu liefern.

Wir wollen uns, um uns an einen bestimmten Fall zu halten, auf analytische Funktionen beschränken und annehmen, daß auf den rechten Seiten die X_i reguläre Funktionen aller ihrer Argumente in einer Umgebung gewisser (von vornherein beliebiger) Werte von $x_i{}^0$, t_0 sind. Dann behauptet das Existenztheorem: Es gibt eine und nur eine Lösung, die durch die Anfangswerte $x_i{}^0$, t_0 charakterisiert ist, d. h. nur ein System von Funktionen $x_i(t)$, die die Gleichungen (1) befriedigen, sich regulär für t_0 und seine unmittelbare Umgebung verhalten und gerade die Werte $x_i{}^0$ für $t = t_0$ annehmen. Wenn aber die X_i Singularitäten aufweisen, so bietet auch schon das einfache örtliche Integrationsproblem beträchtliche Schwierigkeiten; und trotz der klassischen Ergebnisse von BRIOT und BOUQUET, FUCHS, POINCARÉ und PICARD wurden nur einige spezielle, wenn auch bemerkenswerte Einsichten auf diesem Gebiete gewonnen.

Betrachten wir jetzt ein Gebiet, in dem die Funktionen X_i regulär sind. Wenn dann durch die Anfangswerte eine bestimmte Lösung definiert ist, so bleibt ihre Charakterisierung auf die unmittelbare Nachbarschaft des Anfangswertes t_0 beschränkt. Dagegen möchte man natürlich, wenn man sich auch auf die Betrachtung reeller Werte beschränken wollte, t von $-\infty$ bis $+\infty$ variieren lassen können oder wenigstens das ganze Existenzfeld der Lösung beherrschen. Eine solche Untersuchung ist im allgemeinen sehr schwierig, und in einigen Problemen, die aus einem besonderen Grunde interessieren, wird sie von Fall zu Fall mit Hilfe besonderer Kriterien geführt (meistens indem man sich formaler Ausdrücke von schon bekannten Integralen bedient). POINCARÉ hat in seinen berühmten Untersuchungen über die durch Differentialgleichungen definierten Kurven der Forschung neue Wege gewiesen; aber nur wenige Klassen von Differentialsystemen gibt es, für die man die Untersuchung zu Ende führen kann. Die Hauptschwierigkeit verursachen, wie gesagt, Singularitäten der rechten Seiten der Gleichungen (1). Betrachten wir zunächst den günstigsten Fall, in dem keine Singularitäten auftreten, und sehen zu, wie weit wir dann kommen können. Die X_i mögen regulär und ihrem absoluten Werte nach unter einer vorgegebenen Zahl M bleiben, wie auch die x_i in einem gewissen Gebiet Γ und t in einem Streifen (der entsprechenden komplexen Ebene) variieren; dieser Streifen enthalte die reelle Achse vollständig und habe die kleinste Breite a (d. h. er enthalte zu beiden Seiten der reellen Achse zwei voneinander in der Entfernung a befindliche Parallelen). Außerdem sei auf irgendeine Weise noch folgendes bekannt: Jede Lösung $x_i(t)$ der Gleichungen (1), die durch die zu $t = t_0$ gehörigen in einem bestimmten Teilgebiet Γ' von Γ enthaltenen Anfangswerte $x_i{}^0$ definiert ist, soll das Teilgebiet Γ' nie verlassen können (wenn t längs der reellen Achse variiert). Unter dieser Voraussetzung läßt sich nun zeigen, daß die zu Anfangswerten aus Γ' gehörigen Lösungen $x_i(t)$ reguläre Funktionen von t zwischen $-\infty$ und $+\infty$ sind.

Wir wollen nun eine einfache Folgerung aus dem Existenztheorem besprechen, bei dem es vielleicht der Mühe wert ist, einen Augenblick zu verweilen. Dazu möge die Voraussetzung, daß Γ' in Γ enthalten sei, genauer formuliert werden: Sie verlangt: Für jedes System von reellen Werten $x_i{}^0$ innerhalb Γ' gibt es eine Umgebung $|x_i - x_i{}^0| \leq b$, wo b eine Konstante ist, die ganz in Γ enthalten ist.

Unter diesen Bedingungen folgt, wenn T die kleinere der beiden Zahlen a und $\dfrac{b}{M}$ ist, aus dem Existenztheorem: Jede Lösung $x_i(t)$ kann man, ausgehend von einem willkürlichen reellen Wert von $t = t_0$, analytisch fortsetzen innerhalb eines Kreises vom Radius T insbesondere für $t = t_0 \pm T$ längs der reellen t-Achse. Diese Achse gehört daher ganz zum Regularitätsbereich der Funktionen $x_i(t)$ und bleibt insbesondere im MITTAG-LEFFLERschen Stern eines jeden solchen x_i eingeschlossen, das zu einem beliebigen ihrer Punkte gehört. Daher lassen sich in solchen Fällen die Funktionen $x_i(t)$ durch Reihen von Polynomen in t darstellen, die in jedem endlichen Stück der reellen Achse gleichmäßig konvergieren. Wie man sieht, sind wir so, wenigstens vom mathematischen Standpunkt, von dem aus wir eine Funktion durch einen konvergenten Algorithmus darzustellen haben, dazu gelangt, den ganzen reellen Existenzbereich zu beherrschen; wir haben uns vom örtlichen Problem zum totalen erhoben. Damit ist nun allerdings noch nicht vollständig jene Charakterisierung der Integrale erreicht, die ihr qualitatives Verhalten, ihre Periodizitäts- und Stabilitätseigenschaften, ihr asymptotisches Verhalten usw. betrifft, ein Problem, an dem um seiner großen Bedeutung an und für sich und um der Anwendungen willen, heutzutage die Mathematiker, dem Vorgange POINCARÉs folgend, vorzugsweise ihre Kraft versucht haben. Aber dieser so bemerkenswerte Teil der Untersuchungen ist, wenigstens soweit bis jetzt der Ansatz für sie gemacht ist, auf den Fall beschränkt, daß die rechten Seiten X_i regulär sind. Daher kann man mit doppeltem Grunde jene soeben erwähnte Klasse von Differentialsystemen als bevorzugt ansehen, die überall im Reellen regulär sind, und es wird deutlich, welches Interesse wir haben, die aus den Anwendungen hervorgehenden Differentialsysteme, z. B. die der Mechanik, in denen die rechten Seiten im Reellen irgendwelche Singularitäten besitzen, soweit das möglich ist, in davon freie zu transformieren. Darin besteht die Regularisierung.

2. Das Drei-Körper-Problem. — Zusammenfassung der Untersuchungen über die Stoßbedingungen. — Ein gutes Beispiel für diese Klasse regularisierbarer Systeme gibt das berühmte Drei-Körper-Problem. Bekanntlich handelt es sich um die Bewegung dreier materieller Punkte O, P und P', die sich nach dem NEWTONschen Gesetz anziehen. Die Differentialgleichungen der Bewegung in irgendeiner ihrer klassischen Formen verhalten sich (im Reellen) immer regulär, solange die drei Körper voneinander getrennt bleiben, aber weisen Singularitäten auf, wenn zwei von den dreien oder alle drei zusammentreffen (Stöße). Die analytische Untersuchung des Systems in unmittelbarer Nähe eines Stoßes wurde von PAINLEVÉ vor 30 Jahren begonnen. Er zeigte streng, was schon anschaulich klar erschien: Wenn für $t = t_1$ die Bewegung nicht regulär bleibt, so kann das nur dadurch eintreten, daß ein einziger der gegenseitigen Abstände oder alle drei 0 als Grenze besitzen, wenn t gegen t_1 strebt[1]). Im ersten Fall

---

[1]) Wie man sieht, bleibt der von vornherein mögliche, wenn auch unserem physikalischen Gefühl widersprechende Fall ausgeschlossen, daß sich zwei Körper einander unbegrenzt nähern, ohne ineinander zu fallen, und sogar ohne daß ihr gegenseitiger Abstand immer abnimmt.

haben wir einen binären Stoß, im zweiten Fall einen allgemeinen Zusammenstoß.

Diese Betrachtungen führten PAINLEVÉ[1]) dazu, vorauszusagen, daß wahrscheinlich für das Eintreten des binären Stoßes zwei eindeutige Beziehungen zwischen den Koordinaten und den Geschwindigkeitskomponenten der drei Körper notwendige und hinreichende Bedingungen sein würden, und daß im besonderen Fall des ebenen Problems schon eine einzige solche Beziehung genügt, da die andere sich auf eine Identität reduziert.

Jene Untersuchungen PAINLEVÉS führten mich zu einer vertieften Analyse der Bewegung in unmittelbarer Nähe eines Stoßes. Ich will mich, um die Aufmerksamkeit nicht vom Wesentlichen abzulenken, auf den einfachsten Fall beschränken, auf das sogenannte restringierte Problem[2]).

Es handelt sich da bekanntlich um den besonderen Fall des ebenen Problems, in dem einer der drei Körper, nennen wir ihn P, eine unendlich kleine Masse besitzt, so daß er nicht die Bewegung der beiden anderen O und P' beeinflußt. Wir wollen ferner annehmen, daß O und P' sich auf die einfachste mit dem NEWTONschen Gesetz verträgliche Weise bewegen, nämlich mit gleichförmiger Geschwindigkeit um ihren gemeinsamen Schwerpunkt G. Dann läßt sich das Problem reduzieren auf die Untersuchung der unter dem Einfluß der festen Zentren O und P' stattfindenden Bewegung von P in der Ebene, in der O und P' rotieren.

Offenbar gibt es in diesem Falle nur binäre Stöße zwischen P und O oder zwischen P und P'.

Ich konnte zeigen, daß ein Stoß immer in einer bestimmten Richtung stattfindet. Das bedeutet folgendes: Wenn wir z. B. einen Stoß betrachten, der im Augenblick t zwischen O und P erfolgt, so hat man, unter r und ϑ die auf O bezogenen Polarkoordinaten von P verstanden, nicht nur

$$\lim_{t=t_1} r = 0,$$

wie schon aus den vorbereitenden Untersuchungen von PAINLEVÉ hervorgeht, sondern es gibt auch für ϑ einen wohldefinierten

---

[1]) Leçons, u. s. w. ... professées à Stockholm. S. 582, 586. Paris: Hermann 1897.

[2]) Traiettorie singolari ed urti nel problema ristretto dei tre corpi. Ann. di Matematica, Serie III, tom. IX, S. 1—32. 1903.

Grenzwert ϑ_1. Die Geschwindigkeit v dagegen strebt gegen unendlich, während $v\sqrt{r}$ endlich bleibt. Alles das sind vollständig bewiesene Eigenschaften.

Indem man das die Bewegung beherrschende Differentialsystem transformiert und einige Ergebnisse über die polaren Singularitäten heranzieht, gelangt man dazu, in expliziter Form die Stoßbedingung aufzustellen, die hier nur aus einer Gleichung besteht und eindeutig ist, wie PAINLEVÉ es vorausgesagt hatte.

Einige Zeit darauf nahm BISCONCINI[1]) nach ähnlichen Grundsätzen die Analyse der binären Stöße für den Fall des allgemeinen Drei-Körper-Problems auf, und gelangte dazu, zwei eindeutige für den Stoß charakteristische Bedingungen zu entwickeln, wodurch die Vorhersage von PAINLEVÉ in vollem Umfange bestätigt wurde.

Andererseits begann darauf SUNDMAN[2]) seine Aufmerksamkeit dem Drei-Körper-Problem zuzuwenden. Er untersuchte als erster den Fall des allgemeinen Zusammenstoßes und zeigte, daß dieser nur in dem Falle eintreten kann, in dem das resultierende Moment der Bewegungsgröße der drei Körper verschwindet. Das ist ein räumlicher Vektor $\mathfrak{M}$, der notwendig konstant ist während der Bewegung eines beliebigen Systems, das (wie im Fall des Drei-Körper-Problems) nur inneren Kräften unterworfen ist. Wenn auf Grund der Anfangsbedingungen $\mathfrak{M}$ nicht verschwindet, so kann man ohne weiteres den (unwahrscheinlicheren) Fall eines allgemeinen Zusammenstoßes ausschließen, so daß die einzigen örtlichen Singularitäten, die zu berücksichtigen sind, die drei möglichen Typen binärer Stöße sind.

Was das Historische betrifft, so hat, wie es scheint, WEIERSTRASS zuerst die Tragweite der Bedingung $\mathfrak{M} \neq 0$ für die analytische Behandlung des Drei-Körper-Problems[3]) erkannt, aber es ist billig, den Satz SUNDMAN zuzuschreiben; denn er fand ihn nicht nur wieder, sondern veröffentlichte für ihn einen Beweis und nutzte ihn in systematischer Weise aus.

---

[1]) Sur le problème des trois corps. Acta Math., tom XXX, S. 49 bis 92. 1906.
[2]) Recherches sur le problème des trois corps. Acta scientiarum Societatis Fennicae, tom. XXXIV, N. 6. Helsingfors 1907.
[3]) Zur Biographie von WEIERSTRASS. Acta Math., tom. XXXV, S. 30. 1911.

3. Erste Durchführung der Regularisierung. — Das SUNDMANsche Hauptresultat.

Diese oben erwähnten ersten Erfolge berechtigten zu der Hoffnung, die den Stoßphänomenen entsprechenden analytischen Singularitäten würden nicht so störend sein, als man von vornherein hätte befürchten müssen. Und wirklich bemerkte ich bald, daß wenigstens im restringierten Problem der binäre Stoß mit besonders einfachen Mitteln regularisierbar ist, ein Ergebnis, das ich auf dem Heidelberger Mathematikerkongreß im Jahre 1904 mitteilte und mit seinen Folgerungen in einer in den Acta Math. (T. 30, S. 305—327, 1906) erschienenen Abhandlung darlegte.

Bekanntlich hat SUNDMAN das Verdienst, zuerst das Drei-Körper-Problem vollständig regularisiert zu haben. Die Arbeit[1]) erhielt im Jahre 1913 den Preis Pontécoulant der Pariser Akademie der Wissenschaften, und das Ergebnis machte mit Recht großes Aufsehen bei den Mathematikern und wurde auch dem großen Publikum als die seit NEWTON vergeblich gesuchte Lösung des berühmten Drei-Körper-Problems vorgestellt.

Die einleitenden Betrachtungen, die wir bei Besprechung allgemeiner Systeme von Differentialgleichungen angestellt haben, zeigen uns indes, in welchem Sinne man wirklich von einer Lösung des Problems reden kann und zugleich, welche und wie gewichtige Fragen noch ungelöst bleiben, wenn sie auch meistens von untergeordneterer Bedeutung sind als die uns ursprünglich beschäftigende Regularisierung der Stöße.

Aber auf die Tragweite dieses unstreitig wesentlichen Schrittes beabsichtige ich weiter unten zurückzukommen. Zunächst wollen wir unsere Aufmerksamkeit auf die Mittel lenken, die geeignet sind, ihn auszuführen. Der von SUNDMAN befolgte Weg ist indirekt; er fordert die Einführung einer ziemlich erheblichen Anzahl von Hilfsvariablen und unelegante Rechnungen, um schließlich ein regularisiertes System zu ergeben, das nicht mehr zu den dynamischen Gleichungen gehört — offenbar ein schwerer Mißstand, da es nun nicht mehr gestattet ist (wenigstens nicht ohne vorausgehende Diskussion), auf ein solches System die theoretischen Ergebnisse und die Rechnungsmethoden der analytischen Mechanik anzuwenden.

---

[1]) Mémoire sur le problème des trois corps. Acta Math., tom. XXXVI, S. 105—179. 1912.

Für das ebene System konnte ich leicht zu einer wirklich dynamischen Regularisierung der binären Stöße gelangen, die alle Vorteile des ursprünglichen Systems besitzt einschließlich der kanonischen Form[1]).

Es genügt nämlich im wesentlichen dieselbe Transformation, die mir (auch vor der allgemeinen SUNDMANschen Untersuchung) die Regularisierung des restringierten Problems ermöglicht hatte. Angesichts der großen Einfachheit dieses Verfahrens gestatte ich mir, es ausführlich für das ebene Problem zu entwickeln.

3. Das ebene Problem. Hilfssätze über das analytische Verhalten. Wir wollen in der Ebene der drei Körper ein Achsensystem $O\,x_1\,x_2$ betrachten mit dem (beweglichen) Ursprung im Punkte O, dem einen der drei Massenpunkte, aber von unveränderlicher Orientierung.

Seien x_1, x_2 und x_1', x_2' die auf diese Achsen bezogenen Koordinaten von P und P'; p_1, p_2 und p_1', p_2' die Komponenten ihrer Bewegungsgröße, bezogen auf den Schwerpunkt G des Gesamtsystems, so daß $-(p_1 + p_1')$ und $-(p_2 + p_2')$ die Komponenten der Bewegungsgröße von O sind.

Bezeichnen wir mit m_0, m, m' die Massen von O, P, P', mit r, r', $\varDelta$ die drei Abstände OP, OP', PP' und mit f die allgemeine Gravitationskonstante, so ist bekanntlich die Kraftfunktion

$$U = f\left(\frac{m_0 m}{r} + \frac{m_0 m'}{r'} + \frac{m m'}{\varDelta}\right);$$

sie ist eine holomorphe Funktion von x_1, x_2, x_1', x_2' im ganzen reellen Gebiet dieser Argumente, außer für verschwindende Werte von r, r' oder $\varDelta$.

Wir setzen nun

$$\mathfrak{T} = \frac{1}{2m}(p_1^2 + p_2^2) \quad \text{(lebendige Kraft von } P\text{)}$$

$$\mathfrak{T}' = \frac{1}{2m'}(p_1'^2 + p_2'^2) \quad \text{(lebendige Kraft von } P'\text{)}$$

$$\mathfrak{T}_0 = \frac{1}{2m_0}\{(p_1 + p_1')^2 + (p_2 + p_2')^2\} \quad \text{(lebendige Kraft von } O\text{)}$$

$$T = \mathfrak{T} + \mathfrak{T}' + \mathfrak{T}_0 \qquad H = T - U;$$

---

[1]) Rend. dei Lincei, vol. XXIV (2^0 sem. 1915), S. 61—75.

dann wird H eine Funktion der vier Koordinaten x_1, x_2, x_1', x_2' und der vier (absoluten oder besser auf den Schwerpunkt bezogenen) Komponenten p_1, p_2, p_1', p_2' der Bewegungsgröße sein. Diese Funktion besitzt offenbar nur die schon erwähnten Singularitäten von U und diejenigen, die etwaigen unendlichen Werten der Geschwindigkeiten, d. h. von p_1, p_2, p_1', p_2' entsprechen.

Die Bewegungsgleichungen in der POINCAREschen kanonischen Form lassen sich nun schreiben

(I)
$$\frac{dx_j}{dt} = \frac{\partial H}{\partial p_j}$$
$$\frac{dp_j}{dt} = -\frac{\partial H}{\partial x_j}$$
$(j = 1, 2)$

wozu noch zwei andere analoge für die gestrichenen Werte hinzukommen. Offenbar erhält man so ein Normalsystem; die rechten Seiten sind Ableitungen von H und besitzen daher örtliche Singularitäten dort, wo r, r' oder Δ verschwinden, oder für unendlich große Geschwindigkeiten. Dieser letzte Fall ist aber im ersten enthalten; denn nach dem Satz von der lebendigen Kraft

$$H = \text{const}$$

oder
$$T - U = \text{const}$$

muß, solange die untere Grenze der gegenseitigen Abstände nicht verschwindet, U also endlich bleibt, dasselbe für T zutreffen und daher wegen seiner Eigenschaft als definiter quadratischer Form für jedes der p.

Andererseits ist, wie bereits erwähnt, in dem allgemeinen Falle des nicht verschwindenden resultierenden Momentes 𝔐 der Bewegungsgröße ein allgemeiner Zusammenstoß auszuschließen. Betrachtet man nun einen binären Stoß, z. B. zwischen P und O, so kann man aus den einleitenden Untersuchungen über das qualitative Verhalten dieser Singularität einige Umstände entnehmen, die nur in präziser analytischer Form das ausdrücken, was uns schon die mechanische Anschauung des Stoßes zwischen zwei Körpern nahelegt, an dem der dritte unbeteiligt ist. Es handelt sich um die folgenden Umstände[1]):

---

[1]) Sur la régularisation du problème des trois corps. Acta Math., tom. XXXXII, cap. I, S. 99—143. 1918.

a) Wenn t gegen den kritischen Augenblick t_1 des Zusammenstoßes konvergiert, so ist
$$\lim_{t=t_1} r = 0.$$

b) Lage und Geschwindigkeit (bezogen auf den Schwerpunkt) des dritten Körpers P' und daher die vier ihnen entsprechenden Variablen x', p' konvergieren gegen feste endliche Werte, wenn t gegen t_1 konvergiert. Insbesondere gilt
$$\lim_{t=t_1} r' = \lim_{t=t_1} \Delta > 0.$$

c) Der Bruch $\dfrac{1}{r}$ wird unendlich für $t = t_1$, entsprechend der Bedingung a), bleibt indessen integrabel in der Weise, daß die Gleichung
$$du = \frac{dt}{r}$$
(abgesehen von einer unwesentlichen additiven Konstante) einen Parameter u definiert, der mit t wächst und, wenn t gegen t_1 konvergiert, gegen einen endlichen Wert u_1 konvergiert.

Aus dem Integral der lebendigen Kräfte erhält man offenbar durch Multiplikation mit r und Grenzübergang

d) $\lim\limits_{t=t_1} r T = \lim\limits_{t=t_1} r \left(\mathfrak{T} + \mathfrak{T}_0 \right) \dfrac{1}{2} \left(\dfrac{1}{m} + \dfrac{1}{m_0} \right) (p_1^2 + p_2^2) = f m_0 m$.

5. Kanonische Regularisierung des ebenen Problems. Dies vorausgeschickt, beachte man, daß die Differentialgleichungen (1) ungeändert bleiben, wenn man der Funktion H eine beliebige Konstante hinzufügt. Andererseits gestatten die Gleichungen (1), wie schon bemerkt, das Integral der lebendigen Kräfte $H = \text{const.}$ Bezeichnet man mit E die Konstante der rechten Seite und lenkt die Aufmerksamkeit auf die Gattung von Lösungen, die einem festgegebenen, im übrigen aber beliebigen Wert von E entsprechen, so kann man sich in den Gleichungen (1) statt H $H - E$ geschrieben denken. Das hat den Vorteil (dessen wir uns bald bedienen werden), daß $H - E$ für jede der betrachteten Lösungen verschwindet. Daraus folgt (immer für die betreffende Kategorie von Lösungen), daß, wenn man setzt

(2) $\quad H^* = r(H - E) = r\mathfrak{T} + r(\mathfrak{T}' + \mathfrak{T}_0) - rU - rE$,

und wenn man für die unabhängige Variable t die durch c) definierte Variable u setzt, das Differentialgleichungssystem (1) die Gestalt annimmt

(I') $$\frac{d x_j}{d u} = \frac{\partial H^*}{\partial p_j}$$
$$\frac{d p_j}{d u} = -\frac{\partial H^*}{\partial x_j};$$ $(j = 1, 2);$

analoge Gleichungen erhält man für die gestrichenen Größen. Ein Integral dieses Systems nun ist $H^* = $ const. Uns kommt es jedoch nur auf jene Schar von Lösungen an, für die $H^* = 0$ ist und die der Schar von Lösungen des Ausgangssystemes (I) entspricht, für die $H = E$ ist.

Die äußerst einfache Transformation, durch die wir von (I) zu (I') gelangt sind, habe ich zuerst vor nunmehr zwanzig Jahren bei Behandlung des restringierten Problems angewandt. Sie kann wohl als eine DARBOUX-SUNDMANsche Transformation bezeichnet werden; denn einerseits wird bei ihr E festgehalten, wie das bei DARBOUX in der Untersuchung der Bahnkurven gewöhnlich geschieht, andererseits wird nach dem Vorgange von SUNDMAN die unabhängige Variable transformiert. Beachtet man die analytische Struktur der Funktion H^* bei Annäherung an einen binären Zusammenstoß von P und O, so bemerkt man sofort einen Vorzug gegenüber der ursprünglichen charakteristischen Funktion. Die Unendlichkeitsstellen sind nämlich verschwunden; die Multiplikation mit r hat sie sowohl aus dem Gliede $f\frac{m_0 m}{r}$ von U als auch wegen d) aus dem Gliede $\mathfrak{T}$ und $\mathfrak{T}_0$ von T herausgeschafft.

Aber noch haben wir keine reguläre Funktion in bezug auf alle Argumente erhalten; denn die Funktion H^* besitzt, da in ihr r auftritt, einen kritischen Punkt in bezug auf x_1, x_2 an der Stelle $x_1 = 0$, $x_2 = 0$; ferner wächst nach d) $p_1^2 + p_2^2$ unbegrenzt, so daß auch in bezug auf die Variablen p_1, p_2 der binäre Stoß nicht zum Regularitätsbereich gehört.

Aber eine weitere Transformation, in der nur diese vier störenden Variablen $(x_1, x_2; p_1, p_2)$ vorkommen, und die überaus elementar ist, gestattet die vollständige Regularisierung, und zwar unter Beibehaltung der kanonischen Form des Differentialsystems.

Es genügt 1.) für die Variabeln x_1, x_2 zwei neue einzuführen, die mit den ersten durch die komplexe Relation
(3) $$x_1 + ix_2 = (\xi_1 + i\xi_2)^2$$
verbunden sind, und 2.) für p_1, p_2 zwei solche neue Variabeln π_1 und π_2, daß auf Grund der Gleichung (3)
(4) $$p_1 dx_1 + p_2 dx_2 = \pi_1 d\xi_1 + \pi_2 d\xi_2$$
eine Identität wird. Bekanntlich verbürgt dann die Bedingung (4) (die offenbar die expliziten Ausdrücke für π_1 und π_2 liefern würde) die Erhaltung der kanonischen Form.

Dafür kann man auch schreiben
(5) $$p_1 + ip_2 = \frac{\pi_1 + i\pi_2}{2(\xi_1 - i\xi_2)}.$$

Die Gleichung (4) erscheint nämlich als unmittelbare Folge aus (3) und (5): Sie entsteht durch Differentiation der Gleichung (3) durch Vertauschung von i mit $-i$ in der Gleichung (5) und durch Multiplikation der entsprechenden Seiten.

Außerdem liefern die Gleichungen (3) und (5) noch ein weiteres Paar von Folgerungen. Beachtet man, daß der Abstand r nichts anderes ist als der absolute Betrag von $x_1 + ix_2$ und bezeichnet man mit ϱ den absoluten Betrag von $\xi_1 + i\xi_2$, so erhält man aus (3), indem man auf beiden Seiten die absoluten Beträge nimmt:
(6) $$r = \varrho^2 = \xi_1^2 + \xi_2^2.$$
Ebenso ergibt sich aus (5) durch Vergleichung der Quadrate der absoluten Beträge
(7) $$p_1^2 + p_2^2 = \frac{\pi_1^2 + \pi_2^2}{4\varrho^2}.$$
Multiplikation der beiden Seiten von (5) mit den entsprechenden Seiten von $r = (\xi_1 + i\xi_2)(\xi_1 - i\xi_2)$ führt zu der Gleichung
(8) $$r(p_1 + ip_2) = \tfrac{1}{2}(\pi_1 + i\pi_2)(\xi_1 + i\xi_2).$$
Aus ihr folgt wiederum durch Vergleich der Quadrate der absoluten Beträge
$$\frac{r}{2}\left(\frac{1}{m} + \frac{1}{m_0}\right)(p_1^2 + p_2^2) = \frac{\pi_1^2 + \pi_2^2}{8}\left(\frac{1}{m} + \frac{1}{m_0}\right) = fm_0 m,$$
und diese Gleichung zeigt, daß $\pi_1^2 + \pi_2^2$ endlich bleibt, wenn die beiden Körper P und O einem Zusammenstoß zustreben.

Berücksichtigt man also, daß, wie bereits allgemein bemerkt, die Richtung OP einem wohldefinierten Grenzwert zustrebt, so ergibt sich, daß auch π_1 und π_2 jedes für sich vollständig definierte Grenzwerte besitzen.

Aus den Gleichungen (3), (6), (7) und (8) folgt, daß x_1, x_2, r, $r(p_1^2 + p_2^2)$, rp_1, rp_2 alle Funktionen zweiten Grades der neuen Variabeln ξ_1, ξ_2, π_1 und π_2 sind, ihre Regularität also ist in der Umgebungen von $\xi_1 = 0$, $\xi_2 = 0$ und von den, wie bereits bemerkt, endlichen, einem Stoß entsprechenden Werten von π_1 und π_2 sichergestellt.

Bemerkt man jetzt, daß $\dfrac{1}{r'}$ und $\dfrac{1}{\varDelta}$ in der Umgebung eines Stoßes sich regulär verhalten, sowohl in bezug auf die Variabeln x_1, x_2 als auch auf die Variabeln x_1', x_2', so ist einleuchtend, daß diese Eigenschaft sich erhält, wenn man an Stelle von x_1 und x_2 die Variabeln ξ_1 und ξ_2 einführt. Nun kommen in

$$H^* = r(T - U - E)$$

die Variabeln x_1, x_2, p_1, p_2 nur vermöge von r, vermöge von $r(p_1^2 + p_2^2)$ in dem Ausdruck von $\mathfrak{T}$ und $\mathfrak{T}_0$, endlich vermöge von rp_1 und rp_2 in dem Ausdruck von $\mathfrak{T}_0$ vor. Daher ist die vollständige Regularisierung von H^* erreicht und daher auch die des Differentialsystems in bezug auf die neuen Variabeln. Dieses Differentialsystem ist wieder kanonisch, besitzt zur charakteristischen Funktion H^*, ausgedrückt in den neuen Variabeln und schreibt sich so:

$$\frac{d\xi_j}{du} = \frac{\partial H^*}{\partial \pi_j}, \qquad \frac{dx'_j}{du} = \frac{\partial H^*}{\partial p'_j},$$
$$\frac{d\pi_j}{du} = -\frac{\partial H^*}{\partial \xi_j}, \qquad \frac{dp'_j}{du} = -\frac{\partial H^*}{\partial x'_j} \qquad (j = 1, 2).$$

6. Das räumliche Problem. Verschiedene Arten elliptischer Elemente. Geht man vom ebenen Problem zum räumlichen über, so sehen die cartesischen Formeln ebenso aus, abgesehen davon, daß die Zahl der Freiheitsgrade sich um 2 vermehrt, da für jeden der beiden Körper P und P' noch eine Koordinate x_3 bzw. x_3' hinzukommt mit den entsprechenden Komponenten p_3 und p_3' der Bewegungsgröße. Wenn wir dann für r, r' und $\varDelta$ die Ausdrücke annehmen, die ihnen als gegenseitigen Abständen zukommen, so dürfen wir setzen:

$$\mathfrak{T} = \frac{1}{2m}(p_1^2 + p_2^2 + p_3^2)$$

$$\mathfrak{T}' = \frac{1}{2m'}(p_1'^2 + p_2'^2 + p_3'^2)$$

$$\mathfrak{T}_0 = \frac{1}{2m_0}[(p_1 + p_1')^2 + (p_2 + p_2')^2 + (p_3 + p_3')^2].$$

T, U und H behalten die ihnen früher zugeschriebenen Ausdrücke.

Eine Zeitlang versuchte ich vergeblich auf den Fall des Raumes die elementare Transformation

$$(x_1 + ix_2) = (\xi_1 + i\xi_2)^2$$

zu übertragen, aus der man, wie wir gesehen haben, mühelos die Regularisierung des ebenen Falles erhält. Auf gewisse Eigenschaften des früheren Ansatzes — insbesondere das Ausgehen von (1) (mit $j = 1, 2, 3$, entsprechend der Dreidimensionalität) und Aufsuchen einer Transformation, die sich nur auf die x_j und p_j bezöge, also auf die Bewegung von P allein, nicht auch P' — glaubte ich jedenfalls nicht verzichten zu sollen.

Andererseits erweckte die von SUNDMAN schon durchgeführte Regularisierung durch Hilfsvariabeln das Vertrauen — wenn sie auch keine sichere Bürgschaft dafür gab —, daß sich auch für das allgemeinere Problem eine natürliche mechanische Regularisierung würde finden lassen. Es war daher gerechtfertigt, bei den Versuchen, sie zu finden, auszuharren.

Ergebnislos blieben reine Punkttransformationen, d. h. Substitutionen von x_1, x_2, x_3 durch andere Koordinaten ξ_1, ξ_2, ξ_3, wobei die neuen konjugierten Variabeln π_1, π_2, π_3 als lineare Funktionen der p (mit Koeffizienten, die von den x abhängen) gemäß der Gleichung

(9) $\quad p_1 dx_1 + p_2 dx_2 + p_3 dx_3 = \pi_1 d\xi_1 + \pi_2 d\xi_2 + \pi_3 d\xi_3$

definiert werden, einer Gleichung, die (4) entspricht (abgesehen davon, daß sie ein Glied mehr enthält) und die bezweckt, die Erhaltung der kanonischen Form und der charakteristischen Funktion sicherzustellen.

Da reine Punkttransformationen erfolglos blieben, war es natürlich, zu allgemeineren Berührungstransformationen Zuflucht

Regularisierung des Drei-Körper-Problems und ihre Tragweite. 15

zu nehmen, d. h. zu Transformationen zwischen den beiden Sextupeln x_j, p_j und ξ_j, π_j, die die Gleichung

(9')
$$\sum_1^3 p_j \, dx_j = \sum_1^3 \pi_j \, d\xi_j + dW$$

zu befriedigen haben, wo W eine von vornherein willkürliche Funktion ist. Solche Transformationen werden durch die JACOBIsche Integrationsmethode geliefert — insbesondere jene klassische Transformation (oder eine ihrer von POINCARÉ eingeführten Modifikationen) — die den Übergang von den x_j, p_j zu den sogenannten KEPLERschen Variabeln vermittelt, den Variabeln, die eine besondere Bedeutung besitzen in bezug auf die oskulierende elliptische, zu den Momentanwerten x_j, p_j gehörige Bahn mit dem Brennpunkt im Zentrum O.

Keine dieser einer elliptischen Bewegung entsprechenden Transformationen führt indes zu einer Regularisierung des Stoßes im Problem der zwei Körper OP, geschweige denn zu der Regularisierung des binären Stoßes für den Fall der drei Körper. Aber die JACOBIsche Methode gestattet, andere Transformationen aufzufinden, die in der Umgebung des Zentrums O regularisieren und zu denen wir gelangen, wenn wir statt von der zentralen elliptischen Bewegung von der parabolischen ausgehen.

Es ist nicht schwer, sich die geometrische und kinematische Bedeutung der neuen auf diese Weise für x_j, p_j eingeführten Variabeln ξ_j, π_j klarzumachen.

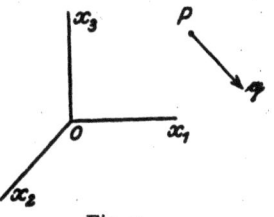

Fig. 1.

Betrachten wir für einen bestimmten Zeitpunkt t den durch die zu t gehörigen Koordinaten x_j bestimmten Punkt P und den durch die Komponenten p_j bestimmten Vektor q. Zwar bedeutet dann q die Bewegungsgröße von P, bezogen auf den Schwerpunkt G der drei Körper; aber nichts hindert, neben der wirklichen eine fingierte Bewegung zu betrachten, die als intermediäre oder öfter noch (was aber nicht wörtlich zu nehmen ist) als oskulierende bezeichnet wird, für die q die Bewegungsgröße von P zur Zeit t auf O (statt auf G) bezogen darstellt und für die außerdem die auf P wirkende Kraft sich auf die vom Zentrum

O ausgehende von einem Potential

$$f \frac{m_0 m}{r}$$

abgeleitete Anziehungskraft reduzieren soll.

Wenn, was immer für die Planeten aber nicht immer für die Kometen zutrifft, die Ungleichung

$$\mathfrak{T} - f \frac{m_0 m}{r} = \frac{1}{2m} q^2 - f \frac{m_0 m}{r} < 0$$

besteht, unter q den absoluten Betrag von q verstanden, dann ist die durch den Anfangszustand P, q definierte fingierte Bahn um das Zentrum O eine KEPLERsche Ellipse und man erhält die eben erwähnten klassischen Transformationen, indem man für die x_j, p_j ebenso viele Elemente dieser KEPLERschen Bewegung einführt.

Die Methode, den wirklichen Vorgang mit fingierten Bewegungen von demselben Bewegungszustand P, q aus zu vergleichen, läßt sich auf verschiedene Weise abändern und verallgemeinern. Man kann sich z. B., sofern die Konstante E (Gesamtenergie der wirklichen Bewegung) negativ ist, mit Hilfe der zu dem gegebenen Augenblick t gehörigen Werte x, p eine neue Konstante k durch die Gleichung

$$\frac{1}{2m} q^2 - \frac{k}{r} = E$$

definiert denken und die KEPLERsche Bewegung betrachten, die ausgehend von P, q unter der Einwirkung des Potentiales $\frac{k}{r}$ statt $f \frac{m_0 m}{r}$ eintreten würde. Das ergibt offenbar eine fingierte Bewegung, die die Gesamtenergie mit der gegebenen gemein hat, während die Anziehungskonstante (k statt $f m_0 m$) abgeändert ist. Die entsprechenden elliptischen Elemente heißen isoenergetische zum Unterschiede von den gewöhnlichen, die passend als isodynamische bezeichnet werden können. Diese isoenergetischen Elemente regularisieren nun zwar auch nicht, haben aber in gewissen Fällen bestimmte Vorzüge: sie führen nämlich als kanonische Variable die exzentrische Anomalie statt der mittleren ein, die nach der klassischen Theorie beim Gebrauch isodynamischer Elemente in den Gleichungen auftritt, eine Änderung, die wiederum besonderes Interesse für einige Störungstypen bietet[1]).

7. Kanonische von der parabolischen Bewegung abgeleitete Regularisierung eines binären Stoßes.

Einen anderen Typus fiktiver Bewegungen, der weder isodynamisch noch isoenergetisch ist, sondern der Bedingung genügt, daß sich die intermediäre Bahn als parabolisch ergibt, erhält man; wenn man die Konstante der auf das Zentrum P (für diese fiktive Bewegung) ausgeübten Anziehungskraft auf Grund der Gleichung

$$\frac{1}{2m} q^2 - \frac{k}{r} = 0$$

bestimmt.

Das Verschwinden der Konstante der lebendigen Kräfte ist bekanntlich die charakteristische Bedingung für den parabolischen Charakter der NEWTONschen Zentralbewegung. Untersuchen wir die fiktive Bewegung, die zu einem gegebenen Bewegungszustand P, q gehört, falls wir k den eben angegebenen Wert erteilen. Die (durch P in der Richtung des Vektors q hindurchgehende) intermediäre Parabel wird ihren Brennpunkt stets in O haben.

Wir können jetzt zwei Vektoren definieren, einen Vektor $\mathfrak{x}$ von der Länge $\xi = 2km$, der sich vom Brennpunkt zum Scheitel erstreckt, und einen andern $\mathfrak{y}$, parallel zu q und von der Länge $\pi = \dfrac{rq}{\xi}$. Nun wollen wir mit ξ_j, π_j die Komponenten dieser beiden Vektoren bezeichnen und zur Abkürzung setzen:

$$-\frac{1}{2} W = \sum_{1}^{3} \xi_j \pi_j;$$

dann nehmen die Beziehungen zwischen (x_j, p_j) und (ξ_j, π_j) die Form an

$$x_j = \pi^2 \xi_j + W \pi_j;$$

(10)
$$p_j = \frac{\pi_j}{\pi^2} \qquad (j = 1, 2, 3).$$

Diese Formeln definieren nun in der Tat eine Berührungstransformation, weil (gemäß der Bedeutung von W) sich aus

---

[1]) Vgl. Nuovo Sistema canonico di elementi ellittici. Ann. di Mat., Serie III, tom. XX, S. 153—170, 1913 (in dem dem Andenken von LAGRANGE gewidmeten Band).

Levi-Civita, Vorträge.

ihnen wirklich die Gleichung (9′) ergibt. Wenn P sich dem Punkt O unbegrenzt nähert, so wächst, wie wir wissen, die Länge des Vektors q ins Unendliche. Dennoch bleibt das Produkt rq^2 endlich und von Null verschieden.

Da wir $\mathfrak{x}$ als einen Vektor von der Länge $2km = rq^2$ eingeführt haben, die auch noch beim Zusammenstoß von P mit O endlich bleibt, so sehen wir, daß die drei Komponenten ξ_1, ξ_2, ξ_3 für den Augenblick des Stoßes gegen bestimmte endliche Werte konvergieren. Die π_j konvergieren dagegen gegen 0, da ja die Länge

$$\pi = \frac{rq}{\xi}$$ für den Augenblick des Stoßes gegen Null strebt.

Das sind nun die Werte, die den sechs transformierten Größen für den Zusammenstoß zwischen P und O zukommen. Wir müssen aber noch hervorheben: In der Umgebung eines Stoßes, d. h. dort, wo alle π_j aber nicht alle ξ_j verschwinden, sind nicht nur, wie unmittelbar aus der ersten der Gleichungen (10) hervorgeht, alle x_j reguläre Funktionen der ξ_j, π_j, sondern dasselbe trifft auch zu für die Größen

(11)
$$r = \xi\pi^2$$
$$rp_j = \xi\pi_j$$
$$r(p_1^2 + p_2^2 + p_3^2) = \xi.$$

Daraus ergibt sich durch einen Beweis, der vollkommen analog dem für das ebene Problem geführten ist, daß auch die charakteristische Funktion H^* und daher das Differentialsystem regularisiert ist.

8. Symmetrische Parameter. — Vollständige Regularisierung.
Bis jetzt hatten wir uns, um uns an einen bestimmten Fall zu halten, mit der Regularisierung des binären Stoßes PO beschäftigt. Analoge Betrachtungen können wir offenbar auch für die beiden anderen Typen von Stößen PP', $P'O$ anstellen, indem wir nur die Transformation entsprechend ändern.

Wir haben (für die Stöße PO) nicht nur von der eben angegebenen Berührungstransformation Gebrauch gemacht, sondern von einer vorhergehenden Änderung der unabhängigen Variabeln, indem wir für t die durch

$$du = \frac{dt}{r}$$

definierte neue Variable eingeführt haben.

Beachten wir, daß sich das Produkt

$$rU = fm_0m + \frac{fm_0m}{r'}r + \frac{fmm'}{\Delta}r,$$

betrachtet als Funktion der neuen Variabeln ξ_j, π_j sowie der x', auch in der Umgebung des Zusammenstoßes PO regulär verhält, ohne dort zu verschwinden, so sehen wir, daß man, ohne die erlangte Regularisierung preiszugeben, für u eine neue unabhängige Variable τ einführen kann, die durch die Differentialbeziehung

(12) $$d\tau = rU\,du$$

definiert ist. Dann wächst τ monoton mit u und daher mit t und konvergiert ebenso wie u für den Augenblick $t = t_1$ des Stoßes gegen einen endlichen Wert.

Dieser neue Parameter τ, der mit der ursprünglichen Variabeln t durch die Beziehung

(12') $$d\tau = U\,dt$$

zusammenhängt, hat aber vor u den offenbaren Vorzug eines symmetrischen Baues in bezug auf die drei Körper. Führt man ihn also für u in die Gleichungen 1) ein und setzt man

$$F = \frac{1}{rU}H^*$$

oder nach 2)

(13) $$F = \frac{1}{U}(H - E)$$

und beachtet, daß für die in Betracht kommenden Lösungen F ebenso wie H^* verschwindet, so nimmt das auf das räumliche Problem bezügliche Differentialsystem 1) die Form an

(14) $$\frac{dx_j}{d\tau} = \frac{\partial F}{\partial p_j},\quad \frac{dx'_j}{d\tau} = \frac{\partial F}{\partial p'_j} \qquad (j = 1, 2, 3).$$
$$\frac{dp_j}{d\tau} = -\frac{\partial F}{\partial x_j},\quad \frac{dp'_j}{d\tau} = -\frac{\partial F}{\partial x'_j}$$

Bei Verwendung des symmetrischen Parameters τ hat man die Gewißheit, daß die örtliche Regularisierung etwaiger binärer Stöße keine Modifikation der unabhängigen Variabeln erfordert, sondern nur Berührungstransformationen vom eben angegebenen Typus, erforderlichenfalls zusammen mit elementaren Transformationen der cartesischen Koordinaten, durch die der Ursprung von O nach P oder P' verlegt wird, falls es sich um einen Zusammenstoß zwischen P und P' handelt.

Nun sind nach dem SUNDMANschen Theorem beim Nichtverschwinden des resultierenden Momentes $\mathfrak{M}$ der Bewegungsgrößen allgemeine Zusammenstöße ausgeschlossen und nur binäre möglich. Man darf also auf Grund des Vorhergehenden behaupten: Das kanonische System (14) ist beim Nichtverschwinden des Vektors $\mathfrak{M}$ entweder schon von Hause aus regulär oder mit Hilfe einer einfachen kanonischen Transformation der unbekannten Funktionen für jeden beliebigen Wert von τ regularisierbar, d. h. für jeden beliebigen Wert der Zeit, auch über etwaige Zusammenstöße hinweg.

9. In welchem Sinne man das Problem als gelöst ansehen darf. Die Koordinaten der drei Körper kommen entweder direkt unter den Unbekannten vor oder sind auf Grund der ersten Gruppe der Gleichungen (10) und auf Grund elementarer Transformationen cartesischer Koordinaten ausdrückbar als holomorphe Funktionen der für die Regularisierung benötigten Hilfsvariabeln. Daraus folgt: **Die Koordinaten der drei Körper, ihre gegenseitigen Abstände, und, auf Grund von Gleichung (12) und (12') oder ihnen analoger Gleichungen, auch die Zeit t sind Funktionen des Parameters τ, für alle seine reellen Werte, Werte, die eindeutig allen reellen Werten der Zeit entsprechen.**

Das ist das bereits klassische Ergebnis von SUNDMAN, das eine ganze Gattung alter und neuer Untersuchungen zum Abschluß gebracht hat.

So wichtig nun auch das erreichte Ergebnis ist, so ist doch nicht zu verkennen, daß die Polynomentwicklungen nach τ (oder andere ihnen ähnliche) zwar zur Darstellung der Lösung dienen, aber auf rein quantitative Weise, ohne ihren allgemeinen Gang oder ihre charakteristischen Eigenschaften erkennen zu lassen. Ja, wenn z. B. zur Zeit $\tau = \tau_1$ ein Stoß erfolgt, so verraten uns die Formeln nichts davon (wenigstens nicht ohne neue Diskussionen): Sie bleiben auch über die Zeit des Stoßes hinaus gültig.

10. Mechanische Bedeutung der analytischen Fortsetzung. Es ist nicht ganz unberechtigt, wenn wir vom astronomischen Standpunkt dieser analytischen Fortsetzung unser Interesse versagen. Denn die Geschwindigkeiten der Himmelskörper sind (im Mittel) denen der mächtigsten Geschosse weit überlegen, während sich der Stoff von beiden Arten von Körpern, bei einer ganz rohen Betrachtung noch vergleichen läßt. Wenn man also die ballistischen Wirkungen im Sinn hat, so könnte man denken, daß ein Zusammenstoß zwischen zwei Himmelskörpern eine Katastrophe bedeuten würde: den Untergang der Welt, der so lange die Phantasie des Volkes erregt hat und noch erregt. Wenn die Welt in Trümmer geht, so zeigt die Bewegung nach dem Zusammenprall wesentlich andere Züge als die, die wir in der schematischen Lösung des Drei-Körper-Problems finden können, und der analytischen Fortsetzung entspricht kein wirklicher Vorgang.

Man kann aber auch die umgekehrte Vermutung haben und annehmen, daß die katastrophalen Folgen eines Zusammenstoßes auf die Gebiete beschränkt bleiben, in denen die zwei Himmelskörper zusammentreffen, und daß im allgemeinen der Erfolg ein Zurückprallen sein wird, wie bei den vollständig elastischen Körpern oder den Molekülen der kinetischen Gastheorie; es wird dann die Fortsetzung der Bewegung der Himmelskörper, genauer gesagt, ihrer beiden Schwerpunkte nach dem Stoß einen vollständig bestimmten physikalischen Sinn haben.

Nun hat ARMELLINI[1]) gezeigt, daß der SUNDMANschen analytischen Fortsetzung wirklich eine anschauliche mechanische Deutung zukommt, nämlich die Bewegung der Mittelpunkte für den Fall, daß die Körper als vollständig elastische Kugeln angesehen werden können.

Dadurch findet nun das analytische Verfahren, das von vornherein durch die Natur der Dinge vorgeschrieben ist, seine physikalische Rechtfertigung: Wir können τ unbeschränkt von $-\infty$ bis $+\infty$ variieren lassen und brauchen nicht bei etwaigen Zusammenstößen haltzumachen; aber diese sind immerhin so charakteristische Ereignisse in der Geschichte der Bewegung, daß man die Differentialgleichungen des Problems nicht als vollständig gelöst ansehen kann, wenn man nicht auf Grund der Anfangsbedingungen imstande ist vorauszusagen, ob ein Zusammenstoß eintreten wird oder nicht.

---

[1]) Estensione della soluzione del SUNDMAN dal caso di corpi ideali al caso di sferette elastiche omogenee. Rend. delle R. Acc. dei Lincei, vol. XXIV (1. Halbjahr 1913), S. 185—190.

11. Voraussagen für die nächste Zeit. — Säkulare Sicherheit.
Die Frage nach den charakteristischen Bedingungen für den Zusammenstoß führte uns, wie wir gesehen haben, zu einer eindringenderen Untersuchung über die Natur der entsprechenden Singularität. Nachdem wir die örtliche Regularisierung erreicht haben, so daß es für jeden Stoß eine Umgebung D gibt, in der alle Integrale des Differentialsystems holomorph sind, bietet die praktische Auffindung der Stoßbedingungen keine Schwierigkeit, weder begrifflicher noch formaler Art, da die charakteristischen Gleichungen durch Algorithmen erhalten werden können, die in D gleichmäßig konvergieren.

Aber alle Schlüsse gelten nur unter der Voraussetzung, daß man sich in D befindet. Der Einfachheit halber wollen wir uns z. B. auf das restringierte Problem beschränken. Wir können dann ohne weitere Diskussion, da O und P' einen unveränderlichen Abstand besitzen, D durch zwei Umgebungen I_0 und I' von O und P' ersetzen. Befindet sich nun P etwa in I_0, so können wir ohne weiteres jedem beliebigen seiner Bewegungszustände entnehmen, ob die Stoßbedingung erfüllt ist oder nicht.

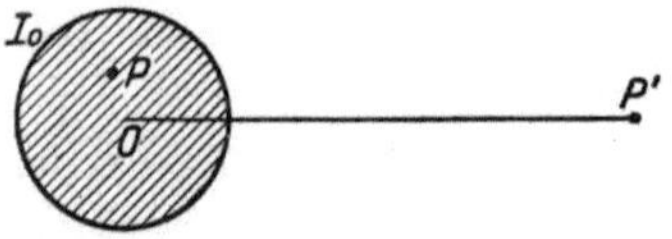

Ist sie es, so bedeutet das, daß innerhalb eines angebbaren endlichen Zeitraumes P auf O fallen wird.

Fig. 2.

Ist sie es nicht, so bedeutet das nur, daß keine Kollisionsgefahr besteht, solange sich P in I_0 aufhält; aber keineswegs kann man die Möglichkeit von vornherein ausschließen, daß P nach dem Austritt aus I_0 dort wieder eintritt und daß bei diesem neuen Besuch die Stoßbedingung erfüllt ist[1]).

Damit erhebt sich nun eine andere Frage von der größten Wichtigkeit, deren Behandlung vielleicht sehr schwer ist, aber nicht aussichtslos erscheint, und die sicherlich in Angriff genommen zu werden verdient: die Frage, ob sich auch für große Zeiträume auf Grund der Anfangsbedingungen ein Zusammenstoß voraussagen läßt. Damit dieses Problem allerdings wirklich die ihm eben zugesprochene Wichtigkeit besitzt, müssen wir es allerdings ein wenig modifizieren, so daß es sich auf die asymptotischen Be-

---

[1]) Vgl. z. B. Sur la résolution qualitative du problème restreint des trois corps. Acta Math., tom. XXX, S. 305—327. 1906.

dingungen für die Sicherheit der drei Körper bezieht (d.h. für einen beliebig langen Zeitraum). Man braucht sich dazu nur folgendes zu überlegen: Obwohl der Schwerpunktssatz für jeden der drei Körper streng gültig ist, so stimmt die Bewegung der drei Schwerpunkte mit der idealen Bewegung dreier sich nach dem NEWTON-schen Gesetz anziehenden Punkte nur unter der Bedingung überein, daß deren gegenseitigen Abstände oberhalb einer gewissen Grenze ε bleiben, die von den Abmessungen und von der Verteilung der Massen der realen Körper abhängt. Wir können also sicher unsere analytischen Ergebnisse für den Fall des restringierten Problems auf die Bewegung der Himmelskörper anwenden, wenn

$$OP \geq \varepsilon, \ PP' \geq \varepsilon$$

bleibt.

Für genügend große (negative) Werte der Konstante der lebendigen Kraft kann man, wie HILL zuerst bemerkt hat, zwei Ovale zeichnen, von denen jedes eines und nur eines der beiden Zentren O, P' enthält, und die so beschaffen sind, daß P unbegrenzt lange in dem einen von ihnen bleibt. Es gibt daher nur eine Stoßgefahr, und betrachten wir beispielsweise das Oval Ω_0 um O, so ist die Sicherheitsbedingung allein durch die Ungleichung

$$OP \geq \varepsilon$$

gegeben.

12. **Kritische Zweifel. — Anschauliche Rechtfertigung der Sicherheitsbedingung. — Allgemeine Betrachtungen.** Wenn wir uns von der Analogie mit anderen Problemen von zwei Freiheitsgraden leiten lassen, insbesondere von dem Problem der Bewegung eines schweren Punktes auf einer krummen Fläche, so werden wir zweifeln, ob nicht die Bahnen, sofern sie nicht periodisch sind, praktisch das ganze oben erwähnte Gebiet Ω_0 überdecken. Der Zusatz „praktisch" soll bedeuten: Gegeben sei ein Punkt M des Gebietes Ω_0 und eine beliebig kleine positive Zahl ε, so wird jede Bahn schließlich (in ihren unendlich vielen spiralförmigen Windungen) in einer Entfernung $< \varepsilon$ bei M vorbeigehen. Würde es sich wirklich so verhalten, so würde die Sicherheitsbedingung, wenn sie auch erfüllt wäre, keine astronomische Brauchbarkeit besitzen. Da nämlich einerseits die Anfangswerte nur mit einem gewissen (zwar sehr großen aber doch begrenzten) Grad der Annäherung

anzugeben sind, andererseits (im allgemeinen und sicher im Falle des Drei-Körper-Problems) die periodischen Lösungen im Verhältnis zur Gesamtheit aller eine Mannigfaltigkeit darstellen, die von einer geringeren Zahl von Konstanten abhängt, so würde für jede noch so kleine Umgebung beliebiger Anfangswerte die Mehrzahl der den Anfangswerten entsprechenden Lösungen schließlich Ω_0 praktisch vollständig erfüllen, und eine asymptotische Sicherheit wäre ausgeschlossen.

Aber man braucht nicht zu pessimistisch zu sein. Es ist sehr wohl möglich, daß je nach der Art der Anfangsbedingungen verschiedene Teilgebiete von Ω_0 überdeckt werden, daher könnte es doch möglich sein, daß man in unserem Fall bei passender Einschränkung der Anfangsbedingungen Sicherheit verbürgen kann.

Die mechanische Anschauung scheint diese Auffassung zu bestätigen.

In der Tat, ohne das Vorhandensein des zweiten Massenpunktes P' würde die Nullmasse P (auf Grund der Anfangsbedingungen) eine ganz in Ω_0 enthaltene elliptische Bahn beschreiben. Die von P' herrührende Störung läßt sich (immer für das restringierte Problem), wenn man ihre säkularen Wirkungen nach der GAUSSschen Methode berechnet, der Wirkung eines auf die Bahn von P' gelegten Kreisringes gleichsetzen. Die zugehörige Störungskraft $\mathfrak{F}$ (Unterschied zwischen den auf die Einheit der Masse bezogenen Anziehungskräften in den Aufpunkten P und O) würde aus Symmetriegründen radial, überdies nach außen gerichtet sein. Ihre allgemeine Wirkung würde also in einer Vergrößerung, niemals aber in einer Verkleinerung des Minimalabstandes OP bestehen. Wenn daher die zu gewissen Anfangsbedingungen gehörige ungestörte Ellipse der Sicherheitsbedingung genügt, so müßte im restringierten Problem für dieselben Anfangsbedingungen die Sicherheit noch größer sein. Natürlich sind das nur Vermutungen, die zwar auf ein klassisches und überzeugendes Verfahren gegründet sind, aber doch nicht auf strenge Berechnung der säkularen Störungen. Dieser Schluß ist aber so ermutigend, daß es mir gerechtfertigt erscheint, die

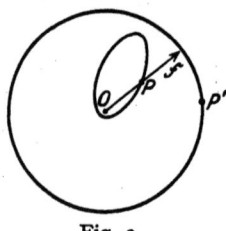

Fig. 3.

Frage nach der Sicherheit — zunächst etwa für das restringierte Drei-Körper-Problem — der Aufmerksamkeit der Fachgenossen zu empfehlen. Die Lösung dieses Problems würde eine Andeutung enthalten, die von dem größten astronomischen Interesse für die Theorie langfristiger Voraussagen wäre.

Denn, wenn auch die EINSTEINsche Theorie es heutzutage als ratsam erscheinen läßt, den NEWTONschen Ansatz des Drei-Körperproblems nur als eine erste Annäherung anzusehen, so ist diese Annäherung doch jedenfalls so gut, daß ein asymptotisches NEWTONsches Ergebnis (d. h. ein für beliebig wachsende Zeit geltendes) immerhin wertvoll als Anzeichen für das säkulare, wenn nicht gerade asymptotische Verhalten auch in der neuen Mechanik sein würde.

Wer es aber unternehmen wollte, mit der erforderlichen mathematischen Strenge die einfachste Frage über die Sicherheit in Angriff zu nehmen, nämlich die soeben aufgeworfene, wird zu einer ersten Orientierung durch Umkehrung der Frage zu gelangen suchen. Er wird nämlich diejenigen Bewegungen studieren, für die die Bahnkurven in einer Entfernung $< \varepsilon$ bei O vorbeigehen und das Gebiet untersuchen, das sie schließlich innerhalb der die Bewegungszustände repräsentierenden Mannigfaltigkeit überdecken. Bleiben da Lücken, so werden diese ebenso viele Sicherheitszonen sein.

Aber auch diese Frage scheint wesentlich eine vorausgehende Regularisierung der Bewegungsgleichungen zu erfordern. Dasselbe gilt von den modernen Forschungen, die darauf abzielen, in synthetischer Weise den Verlauf der einzelnen Lösungen zu verfolgen, ihre asymptotischen Eigenschaften und die statistischen Eigenschaften der Gesamtheit von Lösungen. In dieser Richtung, die von POINCARÉ begonnen und kräftig gefördert worden ist, sind besonders die höchst wertvollen Untersuchungen von BIRKHOFF[1]) über die Verteilung der periodischen Lösungen des restringierten Drei-Körper-Problems hervorzuheben.

Analoge Betrachtungen gelten für den allgemeinen Fall; wenn daher auch die Regularisierung des Drei-Körper-Problems noch nicht seine vollständige Lösung bedeutet, so ergibt sich doch einerseits aus ihr ein Algorithmus, der bei beliebigen Anfangs-

---

[1]) Vgl. The restricted problem of three bodies. Rend. del Circolo Mat. di Palermo, tom. XXXIX, S. 265—334. 1915.

werten unbeschränkt für die ganze reelle Bewegungsdauer und darüber hinaus gilt (SUNDMAN), andererseits muß sie als unumgänglich erforderliche Vorbereitung für jenes tiefere Verständnis der Erscheinungen gelten, nach dem, mochten auch ihre Ansichten über die geeignetsten Mittel verschieden sein, die großen Mathematiker der alten und neuen Zeit bei der mathematischen Erforschung der Naturerscheinungen beständig gestrebt haben.

Zweiter Vortrag.

Flüssigkeitswellen: Ausbreitung in Kanälen.

1. **Was versteht man unter einer Wellenbewegung?** Man kann keine allgemeine Definition der Wellenbewegung einer Flüssigkeit geben, die zugleich mathematisch exakt wäre und alle Fälle umfassen würde, in denen der wellenartige Charakter der Bewegung auf irgendeine Weise physikalisch erkennbar ist. Ich glaube, daß diese Schwierigkeit in der Natur der Sache liegt, da bei jedem Versuch, die Betrachtung zu verallgemeinern und auf alle möglichen Typen von Bewegungen auszudehnen, die charakteristischen Züge der Erscheinungen sich verflüchtigen und schließlich überhaupt auf alle dynamisch möglichen Bewegungen passen würden.

Wenn man sich auf eine nur orientierende Angabe beschränken will, so kann man vielleicht die Bewegung einer Flüssigkeit als wellenförmig bezeichnen, wenn die an sich kleinen Verrückungen der einzelnen materiellen Teilchen eine wesentlich deutlicher erkennbare Bewegung irgendeines charakteristischen Elements bestimmen: z. B. einer freien Oberfläche oder einer Diskontinuitätsfläche. Aber auch dies ist kein restlos charakterisierendes Merkmal, wie wir uns an einem klassischen Beispiel klarmachen können.

Man betrachte einen geradlinigen Kanal mit horizontalem Boden und vertikalen Wänden und fasse den typischen Fall ins Auge, in dem die Bewegung der schweren Flüssigkeit — sagen wir etwa des Wassers — parallel zu den Kanten vor sich geht, und zwar in gleicher Weise in allen longitudinalen Schnitten des Kanals, d. h. in allen vertikalen zu den Kanten parallelen Ebenen. Man kann dann die Erscheinung in zwei Dimensionen untersuchen, indem man sich auf einen allgemeinen longitudinalen Schnitt beschränkt. Dann stellt sich in ihm der Boden als eine horizontale Gerade dar, und die freie Oberfläche liefert eine Kurve l, die im allgemeinen mit der Zeit veränderlich, aber (wenigstens unter gewöhnlichen Annahmen) nur wenig verschieden von einer horizontalen Geraden $Y = h$ ist. Diese Gerade stellt die Niveaulinie im Gleichgewichtszustand dar, und h ist die mittlere Tiefe des Kanals. Mit L bezeichnen wir das Feld der Bewegung, d. h. den unendlich langen Streifen (der im allgemeinen gleichfalls mit der Zeit veränderlich ist) zwischen dem Boden und der Kurve l.

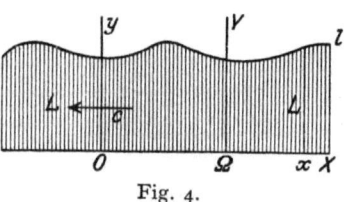

Fig. 4.

Dies vorausgeschickt, läßt sich offenbar das allgemeine Problem der Hydrodynamik für derartige ebene Bewegungen wie folgt formulieren: Zur Anfangszeit $t = 0$ ist die Störung gegeben, d. h. die Gestalt der Kurve l und die Geschwindigkeitsverteilung in L. Es ist der zeitliche Verlauf der Bewegung zu bestimmen, namentlich das Gesetz, nach dem sich l ändert.

Derselbe Ansatz, bis auf qualitative Spezifizierungen, läßt sich auf das allgemeine Problem der Wellen in Kanälen anwenden, indem wir als die wellenartige Ausbreitung eben das Gesetz bezeichnen, das den Ablauf der Bewegung von einer vorgegebenen Anfangsstörung aus beherrscht. Diese Einstellung, die direkt auf allgemeine Integrale hinaus will und nur beiläufig in einigen speziellen Anwendungen die Gestalt der Wellenbewegung im gewöhnlichen Sinne des Wortes hervorhebt, findet sich in den ersten Untersuchungen von LAGRANGE. LAGRANGE führt das Problem auf die Gleichung der schwingenden Saite zurück, indem er die Vertikalbeschleunigung bei der Bewegung des einzelnen Teilchens neben g (Schwerebeschleunigung) vernachlässigt; die wichtigste Anwendung bilden die Ebbe- und Flutwellen. Analog gehen POISSON und CAUCHY vor, die die stark einschränkende Annahme über die Vertikalbeschleunigung fallen lassen und allgemein Bewegungen mit kleiner Amplitude in tiefen Kanälen behandeln. Und auch die bei diesen Untersuchungen betrachteten, plötzlich entstehenden Bewegungen besitzen einen physikalisch unverkennbar wellenartigen Charakter, obgleich sich die einzelnen Wellen gar nicht scharf abgrenzen lassen. Hierher gehören z. B. die Wellen, die entstehen, wenn man einen festen Körper, z. B. einen schwimmenden Klotz, aus der Flüssigkeit plötzlich heraushebt, so daß die Flüssigkeitsmasse sich dann automatisch ausgleicht. Bei diesem Ausgleich, der, wenigstens in der Theorie (für eine ideale streng inkompressible Flüssigkeit), im gleichen Augenblick in der ganzen Flüssigkeitsmasse beginnt, bilden sich Erhebungen und Senkungen der freien Oberfläche, die längs des Kanals mit wesentlich konstanter Beschleunigung (wohlverstanden Beschleunigung, nicht Geschwindigkeit) sich ausbreiten. Irgend etwas breitet sich aus, aber obgleich es sich um einen wichtigen Vorgang handelt, gibt es noch keine so bestimmte Regel, wie die, welche andere wichtige Typen der Wellenbewegung beherrschen.

Von diesen Typen seien diejenigen nur kurz erwähnt, die in einer Idealisierung als Ausbreitung von Unstetigkeiten aufgefaßt werden können und die in einem Werk von HADAMARD[1]) eine auf Untersuchungen von RIEMANN, HUGONIOT, HADAMARD beruhende Darstellung gefunden haben. Sie beziehen sich hauptsächlich auf kompressible Flüssigkeiten.

2. Fortschreitende Welle nvon permanentem Typus. — Haupteigenschaften. Ich komme nun zu dem Spezialfall, mit dem wir uns beschäftigen wollen. Es handelt sich um fortschreitende Wellen von permanentem Typus, d. h. um solche Flüssigkeitsbewegungen in unserem Kanal, bei denen die freie Oberfläche l sich ohne Änderung der Form mit einer gewissen Geschwindigkeit c verschiebt, während die einzelnen materiellen Teilchen nur kleine Schwingungen mit verschwindender mittlerer (lokaler) Geschwindigkeit ausführen, und nicht etwa eine mit c vergleichbare Geschwindigkeit besitzen. —

Nachdem wir so den Begriff der Kanalwellen erörtert haben, gehen wir an die genauere mathematische Behandlung.

Hierzu wird zweckmäßigerweise erstens ein festes Achsensystem $\Omega X Y$ eingeführt, das bereits in der Zeichnung angegeben

---

[1]) Leçons sur la propagation des ondes. Paris: Hermann, 1903.

ist, dessen Y-Achse vertikal ist und nach oben weist, und dessen X-Achse längs des Bodens verläuft und die positive Richtung entgegengesetzt zur Fortschreitungsrichtung von l hat, — zweitens ein bewegliches mit l verbundenes Achsensystem Oxy, das zur Anfangszeit $t = 0$ mit dem festen $\Omega X Y$ zusammenfällt.

Zwischen den Koordinaten XY und xy desselben Punktes bestehen offenbar die Beziehungen

(1)
$$X = x - ct,$$
$$Y = y.$$

Mit u, v bezeichnen wir die Komponenten (in bezug auf die Richtungen XY oder, was dasselbe ist, xy) der relativen, d. h. auf die beweglichen Achsen Oxy bezogenen Geschwindigkeit eines allgemeinen Teilchens. Dann sind nach den Gesetzen der Relativbewegung $u - c$, v die Komponenten der absoluten, d. h. auf die festen Achsen XY bezogenen Geschwindigkeit. Die Tatsache, daß die wirkliche Bewegung neben der scheinbaren der freien Oberfläche unwesentlich ist, findet ihren Ausdruck darin, daß der Betrag

$$v_a = \sqrt{(u-c)^2 + v^2}$$

der absoluten Geschwindigkeit klein gegen c ist. Mathematisch ausgedrückt verlangen wir nur, daß das Verhältnis

(2) $$\beta = \frac{v_a}{c} < 1$$

sei, oder genauer (da v variabel ist): Die obere Grenze des Verhältnisses im ganzen Feld und für die ganze Dauer der Bewegung soll kleiner als 1 sein.

Daraus folgt insbesondere, daß $u > 0$ ist, und daß sogar die untere Grenze der Werte von u positiv ist.

Die Kurve l ist uns von vornherein unbekannt. Wir wissen von ihr nur, daß sie nicht zu sehr von einer bestimmten Horizontalen abweichen darf, und im übrigen eine reguläre, z. B. sinusförmige Gestalt haben kann. Ebenso sind die Geschwindigkeitskomponenten u, v unbekannt. Es sind nun zweierlei Arten von Bedingungen zu erfüllen (die offenbar nicht eine einzige Lösung, sondern eine ganze Schar von Lösungen definieren), und zwar:

I. Kinematische Bedingungen: Inkompressibilität, Randbedingungen (am Boden und an der freien Oberfläche).

II. **Dynamische Bedingungen: Differentialgleichungen, Konstanz des Druckes auf** l.

3. **Zykloidale Wellen von Gerstner. — Ihre unzureichende Übereinstimmung mit den wirklichen Vorgängen.** Wir werden sofort auf die obigen Bedingungen eingehen, und dann den Gegenstand unserer Untersuchungen genau präzisieren. Zunächst will ich, auch um die spätere Beschränkung meiner Aufgabe zu rechtfertigen, erwähnen, daß für sehr tiefe Kanäle[1]) seit beinahe einem Jahrhundert eine partikuläre Lösung oder vielmehr eine Mannigfaltigkeit (∞^1) von partikulären Lösungen bekannt ist, die streng den Bedingungen I, II genügen. Es handelt sich um die sogenannten zykloidalen Wellen, die unabhängig von Gerstner und Rankine gefunden worden sind[2]). In diesen Lösungen hat die freie Oberfläche die Gestalt einer Zykloide und die einzelnen Teilchen beschreiben kleine Kreise, die auf den Boden zu kleiner und kleiner werden. Man kann über den Parameter, von dem diese Lösungen abhängen, so verfügen, daß die wellenförmige Störung mehr oder weniger ausgeprägt ist, so daß man sowohl kleine Kräuselwellen als auch größte Seewellen erhält. Wir bezeichnen mit λ die Wellenlänge, d. h. im vorliegenden die Länge eines Zykloidebogens zwischen zwei entsprechenden Punkten (d. h. Punkten, zwischen denen ein voller Umlauf des erzeugenden Kreises liegt). Zwischen λ und der Ausbreitungsgeschwindigkeit c besteht die bemerkenswerte Beziehung

$$c^2 = \frac{g\lambda}{2\pi},$$

wo g die Schwerebeschleunigung bezeichnet.

Ohne uns bei den Formeln aufzuhalten, heben wir nur hervor, daß diese Gerstnerschen Wellen nicht nur **geometrisch** permanent sind, d. h. in dem Sinne (entsprechend der oben gegebenen Definition), daß l sich ohne Änderung der Form verschiebt, und

---

[1]) Dies bedeutet, daß der Boden (der in Wirklichkeit sehr weit entfernt von der freien Oberfläche ist) in der mathematischen Idealisierung ins Unendliche rückt. In diesem Falle muß offenbar die Abbildung in 1) abgeändert werden; das Bewegungsfeld wird nur von oben durch die Kurve l begrenzt, und die Anfangspunkte Ω und O der Koordinatensysteme liegen auf einer beliebigen Horizontalen.

[2]) Vgl. z. B. Appell: Traité de mécanique rationnelle, Bd. 3 (3. éd.), S. 508—515 oder Lamb: Hydrodynamik (Deutsche Übersetzung), B. G. Teubner 1907, pp. 485—488.

dabei mit den beweglichen Achsen Oxy starr verbunden bleibt; sondern auch kinematisch in dem Sinne, daß u, v für einen mit Oxy verbundenen Beobachter, d. h. als Funktionen von x, y, t betrachtet, nur vom Orte xy abhängen und nicht von t, so daß die Bewegung für diesen Beobachter einen stationären Charakter hat.

Für die zykloidalen Wellen läßt sich die fundamentale physikalische Einsicht (daß nämlich die scheinbare Bewegung der freien Oberfläche mit keinem wirklichen Transport der Materie verbunden ist), die in der Ungleichung

$$\beta = \frac{v_a}{c} < 1$$

steht, quantitativ exakt formulieren. Man kann nämlich durch Rechnung bestätigen, daß der räumliche Transport der Materie, d. h. der mittlere Betrag der Flüssigkeitsmasse, die durch einen allgemeinen Querschnitt des Kanals hindurchgeht, verschwindet. —

Mit allen diesen schönen Eigenschaften ausgestattet, behauptet die GERSTNERsche Lösung auch heute noch ihren ehrenvollen Platz in allen Lehrbüchern der Hydrodynamik, und wird in hydraulischen und nautischen Anwendungen als die theoretische Grundlage für die erste Approximation ohne Bedenken benutzt, um wenigstens irgendwie die mannigfachen störenden Einflüsse, die sich in der Praxis darbieten, abzuschätzen. Es muß aber hervorgehoben werden, daß sie eine wesentliche Einschränkung und einen wichtigen Übelstand mit sich bringt, durch die ihre Benutzbarkeit als theoretisches Schema für die erste Approximation nur sehr provisorisch gerechtfertigt erscheint, eben solange nichts Besseres vorhanden ist. Die Beschränkung besteht, wie wir bereits gesagt haben, in der Annahme unendlicher Tiefe, d. h. praktisch von solcher Tiefe, daß der Einfluß des Bodens vollständig vernachlässigt werden kann. Und diese Vernachlässigung ist sicher nicht immer zulässig. — Der (wohlbekannte und von allen anerkannte) Übelstand aber besteht im rotatorischen Charakter der Bewegung. Bekanntlich können in einer idealen Flüssigkeit unter dem Einfluß von konservativen Kräften nur wirbelfreie Bewegungen entstehen. Um daher das Entstehen der GERSTNERschen Wellen zu erklären, müßte man, wie STOKES bemerkt hat, etwa eine vorherige Wirkung des Windes annehmen, durch die eine geeignete laminare von der Oberfläche nach unten zu stark abgedämpfte Bewegung, entgegengesetzt der Ausbreitungsrichtung, hervorgerufen wird. Von diesem Zustand der laminaren Bewegung (in dem die innere Rotation der Teilchen gerade diejenige ist, die den GERSTNERschen Wellen entspricht) könnte man durch einen konservativen Prozeß zu einer zykloidalen Wellenbewegung übergehen. Indessen ist eine solche Erzeugung zu speziell, um auch nur angenähert als wahrscheinlich in allen den Fällen betrachtet zu werden, in denen man wirklich Wellen beobachtet, die sich ohne merkliche Veränderung der Gestalt ausbreiten.

Man muß daher nach andern Arten fortschreitender Wellen von permanentem Typus suchen, die den GERSTNERschen an Einfachheit möglichst wenig nachstehen, und durch wirbelfreie Schwingungen der Flüssigkeitsteilchen erzeugt werden.

4. Wirbelfreie Wellen. In erster Annäherung läßt sich die Frage recht einfach behandeln. Wir werden dies sehr bald feststellen, indem wir die berühmten einfachen Wellen von AIRY als unmittelbare Folgerungen aus der Funktionalgleichung herleiten, die, wie ich die Ehre haben werde, Ihnen zu zeigen, in kürzester Form vollständig alle Bedingungen des Problems für einen Kanal von beliebiger Tiefe zum Ausdruck bringt.

Kehren wir aber zunächst zu der obigen Aufstellung der kinematischen Bedingungen zurück und beziehen alles auf die beweglichen Achsen Oxy, in bezug auf die nach unserer Annahme der Streifen L (das Feld der relativen Bewegung) konstant ist. Beachten wir vor allem die kinematischen Bedingungen (I), zu denen noch die Wirbelfreiheit der Bewegung hinzukommt, so folgt zunächst (aus der Wirbelfreiheit), daß es eine Funktion φ gibt (das Geschwindigkeitspotential), die im Streifen L regulär ist, so daß

(3) $$d\varphi = u\,dx + v\,dy$$

ist.

Aus der Inkompressibilitätsbedingung folgt, daß φ harmonisch, d. h. daß $-v\,dx + u\,dy$ ein vollständiges Differential ist. Man kann daher die konjugierte Funktion ψ (die Strömungsfunktion) einführen mit Hilfe der totalen Differentialgleichung

(4) $$d\psi = -v\,dx + u\,dy.$$

Die Formeln 3) und 4) definieren die Funktionen φ und ψ bis auf je eine willkürliche Konstante. Wir legen diese beiden unwesentlichen Konstanten fest, indem wir $\varphi = 0$, $\psi = 0$ in O annehmen. Da das Feld L einfach zusammenhängend ist, sind dadurch die beiden Funktionen φ uud ψ vollständig bestimmt. Nun beachte man, daß l (als Wellenprofil) stets aus denselben Flüssigkeitsteilchen besteht. Andererseits ist l mit unseren Achsen Oxy fest verbunden. Daher stellt l die Bahn (die Stromlinie) aller Teilchen dar, die auf l liegen. Aus der Übereinstimmung der Richtung der Geschwindigkeit mit der Tangentialrichtung folgt die Konstanz von ψ auf jeder Stromlinie, insbesondere am Boden und längs l. Am Boden (für $y = 0$) ist der konstante Wert von $\psi = 0$, da wir bereits $\psi(0, 0) = 0$ angenommen haben. Ferner bezeichnen wir mit q den konstanten Wert von ψ auf l:

(5) $\quad\quad\quad\quad\quad\quad\quad \psi = q$.

Nimmt man der Einfachheit halber an, daß die Dichte der Flüssigkeit 1 ist, so kann man q als den relativen Fluß durch den Kanal auffassen, der in der Hauptsache nicht von dem wirklichen Transport der Teilchen herrührt, sondern von der Tatsache, daß unser Bezugssystem eine horizontale Geschwindigkeit $-c$ besitzt, so daß die ruhenden Gegenstände relativ zu ihm die scheinbare Geschwindigkeit c haben. Dies ist sofort einzusehen, wenn man einen allgemeinen vertikalen Querschnitt $x = $ const. des Kanals ins Auge faßt, und den Fluß in der Zeiteinheit und in der Einheit der Breite des Kanals durch diesen Schnitt betrachtet. Ist $u\,dy$ der Fluß durch das Element dy (und zwar positiv in der Richtung der x-Achse gerechnet — entgegengesetzt zur Ausbreitungsrichtung) so liefert

$$\int u\,dy,$$

erstreckt längs der allgemeinen Vertikalen, die wir betrachten, vom Boden bis zur Kurve l, den Ausdruck für diesen Fluß. Aus (4) folgt, da $dx = 0$ ist, daß der Wert des Integrals gerade die Konstante q ist, wie behauptet wurde. Es ist fast unnötig, zu bemerken, daß, dem qualitativen Charakter der Wellenbewegung zufolge (da die absoluten Geschwindigkeiten der Teilchen nur klein sind, und daher die horizontale Geschwindigkeit in bezug auf die Achsen Oxy nur wenig von c verschieden ist), der Fluß q sicher > 0 ist.

Betrachten wir das Verhalten von ψ im Streifen L. Da u und v beide im Kanal endlich und stetig sind, und zwar in seiner ganzen Ausdehnung, ist die Funktion ψ sicher im Endlichen regulär (auf Grund von (3)) und harmonisch (auf Grund von (3) und (4)). Sie ist also auch im Unendlichen beschränkt. Dies folgt sofort aus der Bemerkung, daß man einen allgemeinen Punkt P von L mit beliebig großer Abszisse von einem Punkt Q des Grundes aus oder auch der freien Oberfläche L mit derselben Abszisse erreichen kann, indem man dabei einen endlichen Weg (z. B. eine Strecke auf der Ordinate) durchläuft. Dieser Weg kann z. B. kleiner als die größte Ordinate von l angenommen werden. Da ψ_Q einen konstanten Wert hat, und $\psi_P - \psi_Q = \int(-v\,dx + u\,dy)$ ist, wobei das Integral auch dann über eine endliche Strecke erstreckt wird, wenn P ins Unendliche geht, muß offenbar ψ_P beschränkt bleiben. Beachtet man diese Tatsache und andererseits, daß es sich um eine harmonische Funktion handelt, die am Rande des Streifens die Werte 0 (auf dem Boden) und q (auf l) annimmt, so können wir leicht schließen, daß sie im ganzen Streifen L zwischen den Werten 0 und q liegt. Andererseits wird ψ durch die Form des Feldes und die Konstante q eindeutig festgelegt und ergibt sich daher als eine eindeutig bestimmte Funktion des Ortes, d. h. von x, y. Dasselbe gilt daher auf Grund von (4) auch für die Komponenten uv der Geschwindigkeit, so daß die Bewegung relativ zu unseren Achsen xy **notwendigerweise stationären Charakter besitzt**.

Es ist von Interesse noch Folgendes hervorzuheben. Wir haben ursprünglich nur die Annahme gemacht, daß sich die freie Oberfläche ohne Veränderung der Gestalt verschiebt. Dies genügt, um daraus als notwendige Folgerung zu schließen, daß in bezug auf die freie Oberfläche, d. h. in bezug auf ein allgemeines System Oxy der mit der freien Oberfläche festverbundenen Achsen, die Bewegung permanent ist.

Natürlich ergibt sich das Geschwindigkeitspotential φ, das durch (3) mit der Anfangsbedingung $\varphi = 0$ in O definiert wird, als eine harmonische und zwar nur von xy abhängige Funktion. Im Gegensatz zu ψ wird φ unendlich mit x, und zwar konvergiert φ gegen $+\infty$ oder $-\infty$, je nachdem x in der Richtung der x-Achse ins Unendliche geht oder in entgegengesetzter Richtung.

5. Der Satz vom Massentransport. Man beweist dies am einfachsten und ermittelt zugleich den asymptotischen Term, indem man die Eigenschaften des Massentransports analytisch zum Ausdruck bringt. Wir haben sie bereits qualitativ berücksichtigt, indem wir die absolute Geschwindigkeit der Flüssigkeit neben der Ausbreitungsgeschwindigkeit c vernachlässigten. Wir müssen jetzt die Tatsache ausdrücken, daß der Massentransport in tiefen Schichten verschwindet.

Man würde versucht sein, zu denken, daß die ganze Wellenbewegung nur scheinbar ist, d. h. die einzelnen Flüssigkeitsteilchen um gewisse im Raume feste Mittellagen schwingen, ohne zu einer Gesamtverschiebung zu führen. Indessen würde eine derartige Forderung zu einschränkend sein und überdies, wie Lord RAYLEIGH hervorgehoben hat (mit einer recht überzeugenden, wenn auch nicht ganz erschöpfenden Argumentation), in direktem Widerspruch mit der vorausgesetzten Wirbelfreiheit der Bewegung stehen.

Wir müssen uns daher darauf beschränken, zu fordern, daß der eventuell vorhandene geringe Massentransport, der die Wellenausbreitung begleitet, ausschließlich auf die Ungleichmäßigkeiten der Oberfläche zurückzuführen sei; die tiefen Schichten dürfen keinen Beitrag liefern. Wir werden also als das Charakteristikum der Massenverteilung das Fehlen des Massentransportes in tiefen Schichten annehmen.

Wie wir bereits gesehen haben, beträgt der Fluß durch ein Element dy einer mit den beweglichen Achsen Oxy verbundenen Vertikalen im Sinne der positiven x (bezogen auf die Zeiteinheit und die Einheit der Breite des Kanals)

$$u\,dy.$$

Handelt es sich umgekehrt um eine im Raume feste vertikale Gerade, so muß man für u die absolute Geschwindigkeit $u - c$ einsetzen. Kehren wir den Sinn um, d. h. zählen wir den absoluten Massentransport positiv im Sinne der Ausbreitungsrichtung, so erhalten wir
$$(c - u)\,dy.$$

Im ersten Fall hat die Vertikale die Gleichung $x = \text{const}$; im zweiten ist umgekehrt die auf die festen Achsen bezogene Koordinate X konstant, und es gilt $x = X + ct$. Wie dem auch sei, man erhält den Gesamttransport durch Integration nach y

vom Boden bis zur freien Oberfläche. Nun ist nach 4) längs jeder Vertikalen $u\,dy = d\psi$, so daß der relative Massentransport gleich q ist, wie wir bereits hervorgehoben haben. Der absolute Transport (im Sinne der Ausbreitungsrichtung) beträgt dagegen
$$Q = \int (c-u)\,dy = c y_l - q,$$
wo der Index l bei y_l andeuten soll, daß es sich um die zum betrachteten Schnitt gehörende Ordinate der freien Oberfläche handelt.

Dies vorausgeschickt, werden wir solche Punkte oder Strecken als tief bezeichnen, die stets unterhalb der kleinsten Ordinate der freien Oberfläche bleiben.

Ist $d y$ ein allgemeines „tiefes" Element einer festen Vertikalen, so ist für die Massenverteilung charakteristisch, daß die Menge m des Wassers, die durch dy während eines noch so langen Zeitintervalles (t_1, t_2) hindurchfließt, stets endlich bleibt. Dann konvergiert das Verhältnis dieser Menge durch das Intervall $t_2 - t_1$, d. h. die im Mittel hindurchfließende Flüssigkeitsmenge mit ins Unendliche wachsendem Zeitintervall gegen Null. Rechnen wir m positiv im Sinne der Wellenausbreitung, so ergibt sich

$$m = dy \int_{t_1}^{t_2} (c-u)\,dt.$$

Hier hängt u unter dem Integralzeichen, sofern es sich auf die beweglichen Achsen bezieht, wie wir oben gesehen haben, nur von x, y ab.

Bei der Integration nach t muß das Argument x durch $X + ct$ ersetzt werden, wo X konstant bleibt.

Sind x_1, x_2 die Werte von x, die t_1, t_2 entsprechen (also die Abszissen der festen Vertikalen in diesen beiden Augenblicken in bezug auf die beweglichen Achsen) und führt man als neue Integrationsvariable x statt t ein, so ergibt sich sofort, wenn man beachtet, daß $u = \dfrac{\partial \varphi}{\partial x}$ ist:

$$m = \frac{dy}{c}\{c(x_2 - x_1) - [\varphi(x_2, y) - \varphi(x_1, y)]\}.$$

Die Tatsache, daß m für alle Werte t_1, t_2 (daher auch für alle x_1, x_2) beschränkt bleibt, ist offenbar mit der Tatsache äquivalent, daß die Funktion
(6) $$\Phi(x, y) = \varphi(x, y) - c x$$

auch für ins Unendliche wachsende x für alle Werte von y, die kleiner sind als die kleinste Ordinate der freien Oberfläche l, beschränkt bleibt. Man kann sich nun auch von dieser letzten Einschränkung befreien, so daß sich schließlich ergibt: $\Phi(x,y)$ **bleibt im ganzen Feld L der Bewegung beschränkt**. Denn es genügt hierzu zu bemerken, daß ähnlich wie früher bei der Betrachtung von $\psi(x,y)$, jeder Punkt des Feldes L von einem „tiefen" Punkt aus (damals sagten wir: vom Boden aus) längs einer Vertikalen erreicht werden kann, deren Länge kleiner ist als die größte Ordinate der freien Oberfläche. Die Differenz zwischen den Werten von Φ in diesen beiden Punkten ist nicht größer als das Produkt der Differenz der Ordinaten mit der oberen Grenze von

$$\left|\frac{\partial \Phi}{\partial y}\right| = \left|\frac{\partial \varphi}{\partial y}\right| = |v|,$$

und diese ist nach der Annahme endlich.

Aus (6) folgt, da $\Phi(x,y)$ auch im Unendlichen beschränkt bleibt, daß $\varphi(x,y)$ unendlich wird wie cx.

Man beachte nun, daß im ganzen Feld L die relative Geschwindigkeit $V = \sqrt{u^2 + v^2}$ stets größer als Null bleibt, ja sogar größer als eine gewisse positive Konstante. Andererseits folgt aus der Definition der Strömungslinien, wenn s die Bogenlänge auf einer allgemeinen Stromlinie bedeutet:

$$\frac{dx}{ds} = \frac{u}{V}, \qquad \frac{dy}{ds} = \frac{v}{V}.$$

Daher liefert (3) längs einer Stromlinie

$$\frac{d\varphi}{ds} = V.$$

Diese letzte Gleichung zeigt, daß φ mit s beständig wächst; andererseits wächst s, wie aus der Darstellung von $\dfrac{dx}{ds}$ folgt, in der u stets positiv bleibt, beständig mit x und ändert sich selbst von $-\infty$ bis $+\infty$. Wir sind daher zum Resultat gelangt, daß längs jeder Stromlinie, insbesondere auf den beiden äußersten Stromlinien (dem Boden und der freien Oberfläche) $\varphi(x,y)$ mit x beständig von $-\infty$ bis $+\infty$ anwächst.

6. Analytische Folgerungen. Aus dem Vorhergehenden folgt, daß wenn man die zusammengehörigen Werte der Funktionen φ

und ψ im Bewegungsfelde L in einer cartesischen Ebene (φ, ψ) darstellt, alle diese Werte in einem Streifen S liegen, der von den beiden Geraden $\psi = 0$ und $\psi = q$ begrenzt ist. Daraus folgt

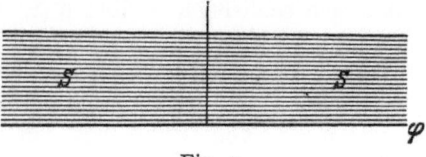

Fig. 5.

allerdings an sich noch nicht, daß, wenn man den Punkt (x, y) in L variieren läßt, man in der Tat jeden Punkt (φ, ψ) aus S erhält, und zwar jeden nur einmal, mit andern Worten daß zwischen beiden Streifen eine eineindeutige Korrespondenz entsteht. Man kann sich jedoch schließlich leicht überzeugen, daß dies in der Tat der Fall ist, indem man noch einmal (3), (4) benutzt und einen allgemeinen Satz über die konforme Abbildung heranzieht.

Setzt man
$$
\begin{aligned}
x + iy &= z \\
\varphi + i\psi &= f \\
u - iv &= w
\end{aligned}
\tag{7}
$$
so lassen sich (3) und (4) in die Gleichung zusammenfassen
$$df = w\,dz, \tag{8}$$
die zeigt, daß f eine reguläre analytische Funktion der komplexen Variabeln z ist, deren Ableitung die gleichfalls analytische Funktion w ist. Auch diese letzte Funktion verhält sich nach den obigen Bemerkungen über u und v regulär im Felde L der Ebene (x, y) oder, wenn man will, der z-Ebene, und bleibt im ganzen Bewegungsfeld beschränkt. Andererseits bleibt
$$|w|^2 = u^2 + v^2 = V^2$$
oberhalb einer gewissen positiven unteren Grenze.

Da auch $\left|\dfrac{df}{dz}\right| = |w|$ dieselbe Eigenschaft besitzt, und zwischen den Rändern der beiden Streifen S und L (dem Boden und der Linie l in der z-Ebene; $\psi = 0$ und $\psi = q$ in der f-Ebene) eine eindeutige Beziehung besteht, folgt aus bekannten Sätzen, daß eine eindeutige und konforme Beziehung auch zwischen den beiden Gebieten L und S bestehen muß. Daher läßt sich jede Funktion der komplexen Variabeln z, die im Bewegungsfelde L eindeutig und regulär ist, auch als eine in S eindeutige und reguläre Funktion von f auffassen.

Stellen wir uns nun auf diesen Standpunkt und fassen zunächst die Funktion $w(f) = u - iv$ ins Auge. Sie bleibt natürlich in S überall beschränkt, da dies für $w(z)$ in L gilt; sie ist ferner auf der reellen Achse $\psi = 0$ reell, da auf dem Boden $(y = 0)$ $v = 0$ ist. Kennt man $w(f)$, so ergibt sich die vollständige Lösung des hydrodynamischen Problems in der EULERschen Form, d. h. $w(z)$, und zwar hängt die Bestimmung von $w(z)$ nur von einer Quadratur und von Eliminationen ab.

Denn schreibt man (8) in der Form

$$dz = \frac{df}{w},$$

so ergibt sich $z(f)$ durch eine Quadratur, wenn die Konstante so festgelegt wird, daß $z = 0$ für $f = 0$ gilt. Bildet man jetzt $f(z)$ und setzt es in $w(f)$ ein, so ergibt sich $w(z)$. Der Übergang von der unabhängigen Variabeln z zu f bietet offenbar den Vorteil, daß, während die Form des Feldes L, in dem z variiert, a priori nicht bekannt ist, sondern von der freien Oberfläche l abhängt, das Gebiet S, in dem f variiert, bei jeder Wellenbewegung einen Parallelstreifen darstellt, der zwischen der reellen Achse $\psi = 0$ und einer Parallelen $\psi = q$ der oberen Halbebene liegt. Wir heben noch folgendes hervor: Setzt man

(9) $\qquad F = f - cz$,

wobei man dem obigen Ansatz zufolge z als Funktion von f auffaßt, so ergibt sich eine Funktion F der komplexen Variabeln f, die in S regulär ist (da dies für f und z gilt) und zum Unterschied von f und z auch im Unendlichen beschränkt bleibt. Um dies zu bestätigen, betrachten wir einzeln den Realteil und den Koeffizienten des Imaginärteils. Nach 9) sind diese resp. $\varphi - cx$, d. h. die Funktion Φ, die durch 6) definiert wurde, und $\Psi = \psi - cy$. Von Φ haben wir bereits festgestellt, daß es als Funktion von x, y in L auch im Unendlichen beschränkt bleibt; dasselbe gilt aber auch für Ψ, da sowohl ψ als auch y in L beschränkt bleibt. Wir brauchen also nur von L zu S überzugehen, um uns von der Richtigkeit unserer Behauptung zu überzeugen.

7. Die Gleichungen des Massentransports. — Die Notwendigkeit der Existenz eines Massentransports auf der Oberfläche. Wir haben nun die kinematischen Daten aufgeführt und mit Hilfe der Theorie der analytischen Funktionen in wenige Behauptungen zusammengefaßt. Wir müssen jetzt die dynamische Seite der Frage ins Auge fassen, und werden dabei schließlich zu der angekündigten Funktionalgleichung gelangen, die den eigentlichen Kern der Theorie darstellt. Zunächst möchte ich aber noch einige Folgerungen aus den Annahmen erwähnen. Diese Folgerungen knüpfen wir an den Ausdruck des Flusses durch einen allgemeinen im Raume festen Schnitt des Kanals während eines Zeitintervalls t_1, t_2.

Wir haben bereits den Fluß Q in der Zeiteinheit in der Form

$$Q = \int_0^{y_l} (c - u) \, dy = c y_l - q$$

bestimmt, wo y_l die Ordinate der freien Oberfläche ist. Um den Fluß M während eines Zeitintervalles zu erhalten, genügt es natürlich mit dt zu multiplizieren und zwischen t_1 und t_2 zu integrieren. Da Q (ebenso wie u und dy) von t nur durch $x = X + ct$ abhängt, liefert uns dieselbe Transformation, die wir im Falle eines „tiefen" Elements angewandt haben, den Ausdruck

$$M = \frac{1}{c} \int_{x_1}^{x_2} dx \int_0^{y_l} (c - u) \, dy = \int_{x_1}^{x_2} y_l \, dx - \frac{q}{c}(x_2 - x_1).$$

Der erste Ausdruck für M läßt sich, wenn man mit L' den zwischen den Abszissen x_1 und x_2 enthaltenen Teil des Feldes L bezeichnet, und $\dfrac{\partial \varphi}{\partial x}$ statt u schreibt, auf die Form

(10) $$M = \int_{L'} \left(1 - \frac{1}{c} \frac{\partial \varphi}{\partial x}\right) dL$$

bringen.

Indem wir nun die konforme Abbildung zwischen den beiden Streifen in Betracht ziehen, bezeichnen wir mit S' den Teil des Streifens S, der auf L' abgebildet wird und beachten, daß diese konforme Abbildung zwischen den beiden Gebieten als Vergrößerungsverhältnis

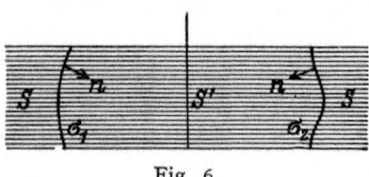

Fig. 6.

(das Verhältnis der Länge eines Linienelements $|dz|$ zur Länge des entsprechenden Linienelements $|df|$) $\left|\dfrac{dz}{df}\right|$ besitzt.

Bezeichnen dL und dS zwei entsprechende Flächenelemente, so ergibt sich entsprechend

$$dL = \left|\frac{dz}{df}\right|^2 dS,$$

wo entweder z als Funktion von f oder f als Funktion von z aufgefaßt werden kann.

Aus der Identität

$$\frac{df}{dz} = \frac{1}{\frac{dz}{df}}$$

und den beiden ersten Formeln (7) folgt durch Vergleichung der Realteile

$$\frac{\partial \varphi}{\partial x} = \frac{\partial x}{\partial \varphi} \frac{1}{\left|\frac{dz}{df}\right|^2}.$$

Daher läßt sich (10), wenn man φ und ψ statt x und y als Integrationsvariablen einführt, auf die Form bringen

(10') $$M = \int_{S'} \left\{ \left|\frac{dz}{df}\right|^2 - \frac{1}{c}\frac{\partial x}{\partial \varphi} \right\} dS.$$

Aus (9) folgt aber, wenn man den analytischen Charakter von

$$F(f) = F(\varphi + i\psi) = \Phi + i\Psi$$

beachtet,

(9') $$\frac{dz}{df} = \frac{1}{c} - \frac{1}{c}\frac{dF}{df} = \frac{1}{c}\left(1 - \frac{\partial \Phi}{\partial \varphi}\right) - \frac{i}{c}\frac{\partial \Psi}{\partial \varphi},$$

und daher

$$\left|\frac{dz}{df}\right|^2 = \frac{1}{c^2}\left(1 - 2\frac{\partial \Phi}{\partial \varphi}\right) + \frac{1}{c^2}\left|\frac{dF}{df}\right|^2.$$

Betrachtet man F als Funktion von f und beachtet, daß nach (9) und (8)

$$\frac{dF}{dz} = \frac{df}{dz} - c = w - c$$

ist, so kann man den vorstehenden Ausdruck für $\left|\frac{dz}{df}\right|^2$ auf die Form bringen

$$\left|\frac{dz}{df}\right|^2 = \frac{1}{c^2}\left(1 - 2\frac{\partial \Phi}{\partial \varphi}\right) + \beta^2 \left|\frac{dz}{df}\right|^2,$$

wo wir wiederum mit β den Bruch $\dfrac{v_a}{c} = \dfrac{|w-c|}{c}$ bezeichnet haben.

Nun ergibt der Vergleich der Realteile auf beiden Seiten in (9'):
$$\frac{\partial x}{\partial \varphi} = \frac{1}{c}\left(1 - \frac{\partial \Phi}{\partial \varphi}\right),$$
und daraus und aus dem Obigen folgt
$$\left|\frac{dz}{df}\right|^2 - \frac{1}{c}\frac{\partial x}{\partial \varphi} = -\frac{1}{c^2}\frac{\partial \Phi}{\partial \varphi} + \beta^2 \left|\frac{dz}{df}\right|^2.$$
Setzt man dies in (10') ein und führt man die Bezeichnung ein
$$N = \frac{1}{c^2}\int\int\frac{\partial \Phi}{\partial \varphi}\,dS,$$
so nimmt (10') die endgültige Form an:

(10'') $$M = \int_{L'} \beta^2\,dL - N.$$

Es ist für unseren Zweck wichtig, die Tatsache hervorzuheben, daß der Summand N auch dann beschränkt bleibt, wenn sich L' ins Unendliche erstreckt. In der Tat liegt das Feld S' der f-Ebene zwischen den beiden Parallelen $\psi = 0$ und $\psi = q$, und den beiden Kurven σ_1, σ_2, auf die die Vertikalen $x = x_1$ und $x = x_2$ der z-Ebene abgebildet werden. Bezeichnet man nun mit σ' den ganzen Rand von S' und mit $d\sigma'$ ein allgemeines Element des Randes, mit n die Richtung der inneren Normalen dieses Elements und wendet auf den Ausdruck von N die GREENsche Umformung an, so ergibt sich

$$N = \frac{1}{c^2}\int_{\sigma'} \Phi \cos(n, \varphi)\,d\sigma'.$$

Nun verschwindet aber $\cos(n, \varphi)$ auf den Parallelen $\psi = 0$, $\psi = q$; daher bleibt
$$N = \frac{1}{c^2}\int_{\sigma_1 + \sigma_2} \Phi \cos(n, \varphi)\,d\sigma'.$$

Das Element $d\sigma'$ einer der beiden Kurven σ_1, σ_2 und das Element dy der entsprechenden Vertikalen stehen im Verhältnis $\left|\dfrac{df}{dz}\right|$, das endlich und von Null verschieden ist (es ist gleich dem absoluten Betrage der Relativgeschwindigkeit $|w| = V$). Ebenso ist auch die Funktion Φ (Nr. 5) im ganzen Streifen L endlich. Bezeichnet man nun mit P das Produkt der größten Ordinate der freien Oberfläche l mit der oberen Grenze des absoluten Betrages von $\Phi \cdot |w|$ im ganzen Felde der Bewegung, so folgt (wenn man das Integral in der z-Ebene abschätzt)

$$N \leq \frac{P}{c^2}.$$

Aus dieser Ungleichung folgt, daß N beschränkt bleibt, wie sich L' — oder, wenn man will, das Intervall (t_1, t_2) auch ändern mag.

Kehren wir nunmehr zur Gleichung (10″) zurück. Ihr erstes Glied ist wesentlich positiv und wächst im allgemeinen (insbesondere jedesmal, wenn $w(z)$ eine periodische Funktion ist) ins Unendliche mit L'. Darin besteht vor allem die Bedeutung der durchgeführten Transformation; sie gestattet ohne weiteres zu behaupten, daß die wirbelfreien Wellen von permanentem Typus im allgemeinen und die periodischen sogar stets vom Massentransport im Fortpflanzungssinne begleitet werden — vom Massentransport, der ausschließlich von den Oberflächenschichten herrührt, während für tiefe Schichten der Massentransport verschwindet. Diese Tatsache hängt, wie die Gleichung (10) zeigt, vor allem vom Wert von β^2 ab. Sie könnte daher nicht aus den Theorien geschlossen werden, die sich auf die erste Näherung beschränken und gerade die Glieder zweiter Ordnung in β vernachlässigen. Dies ist gerade der Fall für die AIRYschen Wellen. STOKES hat als erster erkannt, und zwar sozusagen fast experimentell, indem er die zweite Näherung bei periodischen Wellen untersuchte, daß diese einen kleinen Massentransport auf der Oberfläche bewirken.

Daß der Massentransport mit der Wirbelfreiheit durchaus vereinbar ist, hat Lord RAYLEIGH eingesehen und ausgesprochen. Ein befriedigender mathematischer Beweis scheint die Überlegungen zu erfordern, die uns auf die Gleichung (10″) geführt haben. Wir erhalten aus ihr eine interessante Beziehung zwischen den Volumengrößen, wenn wir für M den zweiten der oben angegebenen Ausdrücke einsetzen. Die Division mit $x_2 - x_1$ liefert

$$\frac{1}{x_2 - x_1} \int_{L'} \beta^2 \, dL - \frac{N}{x_2 - x_1} = \frac{1}{x_2 - x_1} \int_{x_1}^{x_2} y_l \, dx - \frac{q}{c}.$$

Wir erinnern nun daran, daß unter unseren Annahmen auch die (rein qualitative) Annahme enthalten ist, daß die Kurve l von einer horizontalen Geraden $y = h$ (der ungestörten freien Oberfläche) nur unwesentlich verschieden ist.

Diese Annahme wollen wir jetzt, was ja auch in der Natur der Sache liegt, durch die Festsetzung erweitern, daß die mittlere Höhe der freien Oberfläche zwischen zwei allgemeinen Schnitten, d. h. der mittlere Wert der Ordinate y_l

$$\frac{1}{x_2 - x_1} \int_{x_1}^{x_2} y_l \, dx$$

auf einer beliebigen Strecke des Kanals gegen den Grenzwert h konvergiert, wenn die Länge der Strecke ins Unendliche wächst. Es ist kaum nötig, hervorzuheben, daß diese Bedingung im Falle periodischer Wellen stets erfüllt ist. In diesem Falle stimmt nämlich, wie man sofort einsieht, der asymptotische Mittelwert mit dem Mittelwert in bezug auf eine bestimmte Welle, d. h. mit

$$\frac{1}{\lambda} \int_0^\lambda y_l \, dx$$

wo λ die Wellenlänge bedeutet.

Wir bemerken endlich, daß die Annahme der Existenz einer mittleren Niveauhöhe, die wir aus Rücksicht auf mathematische Strenge ausdrücklich formuliert haben, vom physikalischen Standpunkt keineswegs eine Einschränkung bedeutet, da sie in der intuitiven Charakterisierung der Wellenbewegung implizite enthalten ist.

Dies vorausgeschickt, betrachten wir nun wieder die obige Gleichung und beachten, daß $\dfrac{N}{x_2 - x_1}$ und das zweite Glied resp. gegen die Grenzwerte 0, $h - \dfrac{q}{c}$ konvergieren, wenn $x_2 - x_1$ ins Unendliche wächst. Daher ergibt sich, daß

$$\frac{1}{x_2 - x_1} \int_{L'} \beta^2 \, dL$$

gegen $h - \dfrac{q}{c}$ konvergiert; d. h. wenn wir $\beta^2 = \dfrac{v_a^2}{c^2}$ beachten und

Flüssigkeitswellen: Ausbreitung in Kanälen.

mit $\frac{1}{2} c^2$ multiplizieren

$$\lim \frac{1}{x_2 - x_1} \int_{L'} \frac{v_a^2}{2} = \frac{1}{2} c^2 \left(h - \frac{q}{c} \right).$$

Nun stellt aber $\frac{1}{2} \int_{L'} v_a^2 dL$ die in L' enthaltene kinetische Energie der Wellenbewegung (natürlich pro Einheit der Kanalbreite) dar. Die Gleichungen, zu denen wir eben gelangt sind, zeigen, daß es einen (asymptotischen) Mittelwert τ der Energie der Wellenbewegung pro Längeneinheit des Kanals gibt, und zwar

(11) $$\tau = \frac{1}{2} c^2 \left(h - \frac{q}{c} \right).$$

Damit haben wir eine bemerkenswerte Beziehung zwischen den Volumengrößen, die in erster Näherung (unter Vernachlässigung von β^2) die Form besitzt

$$h = \frac{q}{c}.$$

In dieser Form ist übrigens die Behauptung vom Verschwinden des Massentransports enthalten, wie man sofort erkennt, wenn man beachtet, daß q der relative Fluß ist, der, falls er ausschließlich von der Translation herrührt, mit ch identisch sein muß.

8. Darstellung der mittleren Transportgeschwindigkeit. Es lohnt sich, hervorzuheben, daß $\tau' = \frac{\tau}{h}$ der Mittelwert der Dichte der kinetischen Energie (Energie pro Einheit nicht nur der Länge und der Breite, sondern auch der Tiefe) ist. Andererseits besitzt $\frac{q}{h}$ eine sehr anschauliche Bedeutung. Es stellt die scheinbare Geschwindigkeit dar, mit der der Transport für einen mitbewegten Beobachter vor sich geht. Würde der Transport genau Null sein, so müßte $q = ch$ sein. Die Differenz $\frac{q}{h} - c$ stellt die absolute Geschwindigkeit des Massentransports im Sinne der positiven x-Achse dar; daher mißt $c - \frac{q}{h} = \gamma$ genau die mittlere Geschwindigkeit des Massentransports im Sinne der Wellenausbreitung.

Wir dividieren nun die beiden Seiten von (10) durch $\frac{1}{2} c^2 h$; dann ergibt sich

(11')
$$\frac{\gamma}{c} = \frac{\tau'}{\tfrac{1}{2} c^2},$$

eine Beziehung, die nicht weniger anschaulich ist als die vorhergehende, und überdies den Vorteil besitzt, ohne Änderung auch für Kanäle von unendlicher Tiefe gültig zu bleiben.

9. Dynamische Bedingungen. — Die charakteristische Funktionalgleichung. Wir behandeln nunmehr die Bedingungen, die sich aus den Sätzen der Mechanik ergeben und beziehen uns dabei auf die Oxy-Achsen, die man wie feste Achsen behandeln kann, da sie sich nur im Zustand einer gleichförmigen translatorischen Bewegung befinden.

Für den Fall konservativer Kräfte reduzieren sich die hydrodynamischen Gleichungen auf eine einzige Beziehung. Für stationäre Flüssigkeitsbewegungen verbindet diese Beziehung ausschließlich die Geschwindigkeit V, das Kräftepotential U, und den Druck p. In unserem Falle, wo die Dichte gleich 1 ist, und die äußeren Kräfte sich auf die Schwerkraft reduzieren, ist das Potential $U = -gh + \text{const.}$; wir setzen $U = -g(y-h)$ (wo h die mittlere Niveauhöhe ist), dann gilt

(12) $\quad \tfrac{1}{2} V^2 + g(y-h) + p = \text{const.}$

und diese Relation muß im ganzen Bewegungsfeld L erfüllt sein. Für die inneren Punkte, wo p nicht von vornherein gegeben ist, liefert sie die Definition des Drucks als Funktion der Kraft und der Geschwindigkeit; auf der freien Oberfläche l dagegen, wo p in den konstanten Wert p_0 des atmosphärischen Drucks stetig übergehen muß, liefert (12) eine Randbedingung, und zwar gerade die charakteristische Randbedingung des Problems:

(13) $\quad V^2 + g(y_l - h) = \text{const. auf } l$.

Wir nehmen aus den oben angegebenen Gründen f als unabhängige Variable, und als die unbekannte Funktion z oder vielmehr w, die die relative Geschwindigkeit (vektoriell) darstellt. Da am Boden ($y = 0$, d. h. in der S-Ebene: $\psi = 0$) die Geschwindigkeit horizontal ist, ist die Funktion $w = u - iv$ für reelle f — ebenso wie $z(f)$ — reell. Daraus folgt nach dem bekannten SCHWARZschen Spiegelungsprinzip, daß diese Funktionen sich über die reelle Achse hinaus analytisch fortsetzen lassen, und zwar in den Streifen S' (das Spiegelbild von S in bezug auf die φ-Achse), der von den Geraden $\psi = 0$, $\psi = -q$ begrenzt wird; dabei nehmen diese Funktionen in zwei spiegelbildlich zur reellen Achse liegenden Punkten $\varphi + i\psi$, $\varphi - i\psi$ konjugierte Werte an. Daher lassen sich der Imaginärteil y von z und der absolute Betrag $|w|$ von z in einem allgemeinen Punkt $\varphi + i\psi$ von S oder von S' resp. in der Form darstellen

$$y = \frac{1}{2i}\{z(\varphi + i\psi) - z(\varphi - i\psi)\},$$

$$V^2 = |w|^2 = w(\varphi + i\psi)w(\varphi - i\psi).$$

Auf der freien Oberfläche $\psi = q$ läßt sich (13) in der Gestalt schreiben

$$w(\varphi + i\psi)w(\varphi - i\psi) - ig\{z(\varphi + i\psi) - z(\varphi - i\psi)\} = \text{const.}$$

Nunmehr benutzen wir die Tatsache, daß es sich um analytische Funktionen handelt. Die Relationen, die wir für reelle f hergeleitet haben, gelten daher im ganzen Existenzbereich der Funktionen z, w (der für beide derselbe ist)[1]).

Wir können daher statt φ das allgemeine Argument f schreiben. Differenziert man dann nach f und setzt man $\frac{1}{w}$ für $\frac{dz}{df}$ ein, so ergibt sich, da die Konstante auf der rechten Seite verschwindet:

$$(E) \quad \frac{d}{df}\{w(f+iq)w(f-iq)\} - ig\left\{\frac{1}{w(f+iq)} - \frac{1}{w(f-iq)}\right\} = 0.$$

---

[1]) Es ist in bezug auf den Gültigkeitsbereich unserer Funktionalgleichung wohl zu beachten, daß, wenn f ein allgemeines Argument aus diesem Bereich ist, es möglich sein muß, f durch $f \pm iq$ zu ersetzen, ohne den Existenzbereich der betrachteten Funktionen zu verlassen. Die reelle Achse $\psi = 0$ erfüllt sicherlich diese Bedingung, und für die auf ihr liegenden Punkte gilt gerade (13). Es genügt nun, daß die Niveaukurve l selbst analytisch (oder stückweise analytisch) ist, damit die Funktion $z(f)$, die die

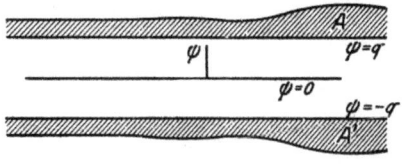

Fig. 7.

konforme Abbildung der Ebene der Bewegung auf S liefert, über die Gerade $\psi = q$ (und über ihr Spiegelbild $\psi = -q$) hinaus fortsetzbar ist. Bezeichnet man nun mit A und A' die entsprechenden hinausragenden Gebietsteile, so ist die Gültigkeit der vorstehenden Funktionalgleichung in einem Streifen gesichert, der aus zwei mit A bzw. A' kongruenten Teilen besteht, und längs der reellen Achse liegt.

(E) ist eine gemischte Differenzen-Differentialgleichung in $w(f)$, die das ganze Problem der permanenten Wellenbewegung zusammenfaßt. In der Tat ist nunmehr alles darauf zurückgeführt, ein Integral $w(f)$ von (E) zu finden, das auf der reellen Achse reell, im Streifen zwischen $\psi = q$ und $\psi = -q$ regulär und im Unendlichen beschränkt ist, für das außerdem die Eigenschaften der Massenverteilung erfüllt sind, die sich auf zwei Forderungen reduzieren:

1) $\dfrac{w-c}{c}$ bleibt absolut kleiner als ein echter Bruch;

2) $f \doteq cz$, d. h. $f - c \displaystyle\int \dfrac{df}{w}$ bleibt auch im Unendlichen endlich.

Man überzeugt sich leicht davon, daß jedem solchen Integral $w(f)$ eine wirkliche Wellenbewegung von permanentem Typus entspricht, die alle oben aufgezählten Eigenschaften besitzt. Wir gehen der Kürze halber darauf nicht ein; man findet diesen Beweis ausführlich durchgeführt in unserer Note „Sulle onde progressive di tipo permanente"[1].

Ich möchte dagegen noch eine Invarianzeigenschaft von (E) bei Vertauschung von f mit $-f$ hervorheben. Sie besteht darin, daß wenn man
$$w_1(f) = w(-f)$$
setzt und in (E) f mit $-f$ vertauscht, sich für $w_1(f)$ dieselbe Gleichung (E) ergibt.

10. Periodische Wellen. — Die entsprechende Form der Funktionalgleichung. Wir haben eingangs über die freie Oberfläche l vorausgesetzt, daß es sich um eine mehr oder weniger wellenförmige Kurve handelt, die von einer horizontalen Geraden $y = h$ nur wenig verschieden ist. Mit dieser allgemeinen Annahme umfaßt die bisher entwickelte Theorie sowohl den Fall der periodischen Wellen, in dem l offenbar aus sich periodisch wiederholenden Teilen besteht, als auch den Fall von aperiodischen Wellen, sowohl mit unendlich vielen Wellenzügen, die asymptotisch abklingen, als auch mit einer diskreten Anzahl von Erhebungen und Senkungen. Ein besonders anschauliches Beispiel für diesen Typus bietet die sogenannte Einzelwelle, die aus einer einzigen Erhebung besteht und experimentell von SCOTT RUSSELL und theoretisch (aber durchaus approximativ) von BOUSSINESQ und Lord RAYLEIGH behandelt worden ist.

---

[1] Rend. della R. Acc. dei Lincei, vol. XVI, 2 (1907).

Fassen wir nun insbesondere die periodischen, sogenannten oszillatorischen Wellen ins Auge. Sie sind unter den permanenten Wellen, die wir oben allgemein charakterisiert haben, vor allem durch den Umstand ausgezeichnet, daß (in bezug auf unsern mit l verbundenen Beobachter) das geometrische und kinematische Bild der Bewegung sich vollständig wiederholt, wenn man längs der Ox-Achse um eine konstante Strecke λ — die Wellenlänge — fortschreitet. Dies kommt darauf hinaus, daß $u(x, y)$ und $v(x, y)$ periodisch in x mit der Periode λ sind, d. h. m. a. W.

$$w(z+\lambda) = w(z).$$

Da nun $df = w(z)dz$ ist mit periodischen w, erfährt $f(z)$ einen konstanten Zuwachs ω, wenn man λ zu z addiert. Geht man von einem reellen Wert z aus und beachtet, daß f und w beide auf der reellen Achse reell sind, so sieht man, daß ω zugleich mit λ reell sein muß. Dies kommt, wenn man die Korrespondenz zwischen der z-Ebene und der f-Ebene berücksichtigt, darauf hinaus, daß einer Verschiebung um λ in der ersten eine Verschiebung um ω in der zweiten entspricht, wobei beide in positiver Richtung der entsprechenden Abszissenachsen zu rechnen sind. Eine Funktion von z, die bei einer derartigen Translation unverändert bleibt, also die reelle Periode λ zuläßt, wird daher, wenn man sie durch f ausdrückt, zu einer periodischen Funktion von f mit reeller Periode ω und umgekehrt.

Nun ist die Funktion (9) $F(f) = f - cz$ periodisch, da $F(f)$ in S (auch im Unendlichen) beschränkt ist. In der Tat ist $\dfrac{dF}{df}$

$= 1 - c\dfrac{dz}{df} = 1 - \dfrac{c}{w}$ periodisch, und daher addiert sich zu F eine Konstante k, wenn sich f um eine Periode ω vermehrt:

$$F(f + n\omega) = F(f) + nk \qquad (n \text{ ganz}).$$

Wäre nun $k \neq 0$, so könnte F in S nicht beschränkt bleiben. Daher ist $k = 0$, d. h. F ist periodisch. Vergleicht man daher in (9) die Zuwüchse der beiden Seiten, die der Vermehrung von z um eine Periode λ entsprechen, so ergibt sich

$$\omega = c\lambda.$$

Dies ist also die zur unabhängigen Variabeln f gehörige Periode. Setzt man nun

(14) $$\zeta = e^{\frac{2\pi i f}{c\lambda}},$$

so transformiert sich die reelle Achse der f-Ebene in den Kreis C vom Radius 1 der ζ-Ebene, und der Streifen SS', der von den Geraden $\psi = \pm q$ begrenzt ist, in den Kreisring Γ, der von zwei Kreisen C_1 und C_2 begrenzt wird, mit den Radien resp.

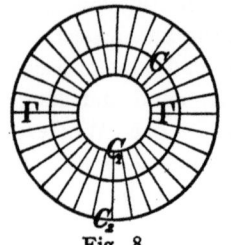

Fig. 8.

$$R_1 = e^{-\frac{2\pi q}{c\lambda}}, \qquad R_2 = e^{\frac{2\pi q}{c\lambda}},$$

die kleiner bzw. größer als 1 und zueinander reziprok sind.

Vergrößert sich nun das Argument f um $\pm iq$, so multipliziert sich ζ mit $e^{\pm \alpha}$, wo wir der Kürze halber

(15) $$\alpha = \frac{2\pi}{\lambda} \frac{q}{c}$$

gesetzt haben. Bekanntlich geht jede im Streifen $\psi = \pm q$ reguläre Funktion $w(f)$ mit der Periode ω wegen (14) in eine im Kreisring eindeutige Funktion der neuen Variabeln ζ über.

Da
$$\frac{d\zeta}{\zeta} = \frac{2\pi i}{c\lambda} df$$

ist, nimmt die Funktionalgleichung (E) die Gestalt an:

(E') $$\zeta \frac{d}{d\zeta}\{w(e^{-\alpha}\zeta)\, w(e^{\alpha}\zeta)\} - \frac{g\lambda}{2\pi} c \left\{ \frac{1}{w(e^{-\alpha}\zeta)} - \frac{1}{w(e^{\alpha}\zeta)} \right\} = 0.$$

Die Bedingung, der w als Funktion von f genügen muß, daß w auf der reellen Achse reell ist, geht in die über, daß $w(\zeta)$ auf dem Kreise C ($|\zeta| = 1$) reell ist; und die Invarianzeigenschaft von (E) bei Vertauschung von f mit $-f$ geht in die analoge Eigenschaft von (E') bei Vertauschung von ζ mit $\frac{1}{\zeta}$ über.

11. Die erste Approximation. — Einfache Wellen. Die Gleichung (E') eignet sich sehr gut zur Untersuchung von approximativen Lösungen, wenn die durch die Welle hervorgerufene Störung oder genauer die absolute Geschwindigkeit $|w - c|$ sehr klein neben der Fortpflanzungsgeschwindigkeit c ist. Dann kann man nämlich setzen
$$w = c(1 + \varepsilon)$$
oder
$$\varepsilon = \frac{w - c}{c},$$

wo ε als unendlich kleine Größe erster Ordnung behandelt werden

Flüssigkeitswellen: Ausbreitung in Kanälen.

kann (ε ist eine dimensionslose Zahl, und zwar eine komplexe Funktion von f oder auch von ζ). Dann ergibt sich
$$w(e^{-\alpha}\zeta)\,w(e^{\alpha}\zeta) = c^2\{1 + \varepsilon(e^{-\alpha}\zeta) + \varepsilon(e^{\alpha}\zeta)\},$$
$$\frac{1}{w(e^{-\alpha}\zeta)} = \frac{1}{c}\{1 - \varepsilon(e^{-\alpha}\zeta)\},$$
und (E') wird linear in ε:

(16) $\quad c^2 \zeta \dfrac{d}{\zeta}\{\varepsilon(e^{\alpha}\zeta) + \varepsilon(e^{-\alpha}\zeta)\} - \dfrac{g\lambda}{2\pi}\{\varepsilon(e^{\alpha}\zeta) - \varepsilon(e^{-\alpha}\zeta)\} = 0.$

Auch diese approximative Funktionalgleichung behält die Invarianzeigenschaft von (E') in bezug auf die Vertauschung von ζ mit $\dfrac{1}{\zeta}$. Diese Bemerkung ist wichtig, weil sie gestattet, die w und daher auch ε auferlegte Bedingung der Realität für $|\zeta|=1$ mit Leichtigkeit zu befriedigen. Ist in der Tat $\varepsilon(\zeta)$ eine Lösung, die allen übrigen Bedingungen genügt, so wird sie in ζ eine LAURENTsche Entwicklung besitzen. Unter der Annahme, daß alle Koeffizienten der Entwicklung reell sind (und diese Annahme wird offenbar durch die Natur der Frage nahegelegt, da alles in (16) reell ist) ist die zu $\varepsilon(\xi)$ konjugierte Größe für $|\zeta|=1$ nichts anderes als $\varepsilon\left(\dfrac{1}{\zeta}\right)$. Daher stellt $\varepsilon(\zeta) + \varepsilon\left(\dfrac{1}{\zeta}\right)$ eine neue Lösung von (16) dar, die auf dem Kreise $|\zeta|=1$ reell ist.

Wir versuchen nun, (16) durch eine lineare Funktion ohne konstantes Glied zu befriedigen, etwa $\varepsilon = -\tfrac{1}{2}\mu\zeta$, wo μ eine hinreichend kleine reelle Konstante ist. Man erhält dann eine numerische Relation zwischen c, λ und α:

(17) $\qquad c^2(e^{\alpha} + e^{-\alpha}) - \dfrac{g\lambda}{2\pi}(e^{\alpha} - e^{-\alpha}) = 0.$

12. Die AIRYsche Gleichung. Man kann sich sehr leicht überzeugen, daß die obige Gleichung gerade die klassische AIRYsche Gleichung ist, die die Fortpflanzungsgeschwindigkeit c als Funktion von λ (Wellenlänge) und h (Tiefe des Kanals) definiert. Man beachte in der Tat, daß wir aus einer allgemeinen Beziehung zwischen den Volumenelementen in erster Approximation (und darum handelt es sich gerade im vorliegenden Falle) die Richtigkeit der Gleichung
$$q = ch$$
geschlossen haben. Dann nimmt der Ausdruck (15) für α die

Gestalt an

(15')
$$\alpha = \frac{2\pi h}{\lambda},$$

und (17) läßt sich in der Form schreiben

(17')
$$\frac{c^2}{gh} = \frac{1}{\alpha}\,\text{tgh}\,\alpha^{1)},$$

was gerade die gewöhnliche Form der AIRYschen Gleichung liefert.

Die rechte Seite von (17') wächst beständig, wenn α von ∞ gegen 0 abnimmt[2]); daher besagt (17') wegen (15'), daß die Fortpflanzungsgeschwindigkeit mit der Wellenlänge λ zunimmt, und liefert als obere Grenze von c^2 (für $\alpha = 0$, d. h. $\lambda = \infty$) den Wert gh.

Nach (15) gilt diese obere Grenze praktisch für alle langen Wellen, d. h. solche, für die λ sehr groß im Verhältnis zur Tiefe des Kanals ist, so daß α^2 nach (15') vernachlässigt werden kann. Hierher gehören im allgemeinen die Gezeitenwellen, und der entsprechende Wert $\sqrt{gh}$ für die Fortpflanzungsgeschwindigkeit fällt mit dem von LAGRANGE in seiner weniger genauen Theorie gefundenen zusammen, in der die Vertikalbeschleunigung der Teilchen vernachlässigt wird. Wenn umgekehrt α groß ist, hat $\text{tgh}\,\alpha$ den asymptotischen Wert 1. Nach (15) genügt hierzu, daß λ die doppelte Tiefe des Kanals nicht übersteigt, da $\text{tgh}\,\alpha$ zwischen $\dfrac{1-e^{-\pi}}{1+e^{-\pi}}$ und 1 bleibt und daher praktisch gleich 1 gesetzt werden kann.

---

[1]) Mit $\text{tgh}\,\alpha$ bezeichnen wir den hyperbolischen Tangens von α, d. h. $\dfrac{e^{\alpha}-e^{-\alpha}}{e^{\alpha}+e^{-\alpha}}$. Ebenso bezeichnen $\cosh\alpha$ und $\sinh\alpha$ den hyperbolischen Kosinus und Sinus.

[2]) In der Tat ist ihre Ableitung gleich $-\dfrac{1}{\alpha^2}\text{tgh}\,\alpha + \dfrac{1}{\alpha}\dfrac{1}{\cosh^2\alpha}$
$= -\dfrac{1}{\alpha^2\cosh^2\alpha}\left\{\dfrac{1}{2}\sinh 2\alpha - \alpha\right\}$, und der Ausdruck in der Klammer ist für positive α positiv, wie man z. B. zeigt, indem man für $\dfrac{1}{2}\sinh 2\alpha = \dfrac{e^{2\alpha}-e^{-2\alpha}}{4}$ die Potenzreihenentwicklung in α einsetzt:
$$\frac{1}{2}\left\{2\alpha + \frac{1}{3!}(2\alpha)^3 + \frac{1}{5!}(2\alpha)^5 + \ldots\right\}.$$

Man erhält daher für **kurze Wellen** (und dies sind praktisch alle Wellen, deren Länge die doppelte Tiefe des Kanals nicht übersteigt) $\dfrac{c^2}{gh} = \dfrac{1}{\alpha}$ oder $c^2 = \dfrac{g\lambda}{2\pi}$.

13. Die expliziten Ausdrücke der verschiedenen Elemente der Bewegung.

Wir betrachten nunmehr die oszillatorische Wellenbewegung, die der einfachen Lösung

$$\varepsilon = -\frac{1}{2}\mu\left(\zeta + \frac{1}{\zeta}\right)$$

entspricht, wo ε eine positive (kleine aber im übrigen willkürliche) Konstante ist. Wir haben bereits festgestellt, daß diese Lösung alle verlangten Eigenschaften besitzt. Gehen wir nun vor allem nach (14) zur unabhängigen Variabeln f über und führen die Funktion w ein, so ergibt sich

(18) $$w(f) = c\left(1 - \mu \cos\frac{2\pi f}{c\lambda}\right).$$

Da nach der Annahme, daß ε von der ersten Ordnung ist, dasselbe auch für μ der Fall ist, ergibt sich aus (18)

(18') $$\frac{1}{w} = \frac{1}{c}\left(1 + \mu \cos\frac{2\pi f}{c\lambda}\right),$$

und daher, wegen $dz = \dfrac{df}{w}$ und der Bedingung $z = 0$ für $f = 0$,

(19) $$z = \frac{f}{c} + \mu\frac{\lambda}{2\pi}\sin\frac{2\pi f}{c\lambda}.$$

Da z sich von $\dfrac{f}{c}$ um eine Größe erster Ordnung unterscheidet, kann im zweiten Glied (das bereits ohnehin von der ersten Ordnung ist) $\dfrac{f}{c}$ durch z ersetzt werden, und man erhält den Ausdruck von f (und daher aller Elemente der Bewegung) durch z in der Gestalt

(19') $$f = c\left\{z - \frac{\mu\lambda}{2\pi}\sin\frac{2\pi z}{\lambda}\right\}.$$

Die Parameterdarstellung der freien Oberfläche $\psi = q = ch$ folgt aus (19), indem man $f = \varphi + ich$ setzt, wo φ reell ist. Diese Substitution liefert, wenn man den reellen und den imaginären Teil trennt und (15) beachtet:

$$x = \frac{\varphi}{c} + \mu \frac{\lambda}{2\pi} \cosh \alpha \sin \frac{2\pi\varphi}{c\lambda},$$

$$y = h + \mu \frac{\lambda}{2\pi} \sinh \alpha \cos \frac{2\pi\varphi}{c\lambda}.$$

Die erste Beziehung zeigt, daß x sich von $\frac{\varphi}{c}$ um Größen erster Ordnung unterscheidet; daher kann man in der zweiten Formel (in der $\frac{\varphi}{c}$ bereits in den Gliedern erster Ordnung vorkommt) x für $\frac{\varphi}{c}$ setzen und erhält die cartesische Gleichung der freien Oberfläche in der Form der Sinuslinie:

$$y = h + a \cos \frac{2\pi x}{\lambda},$$

wo die Konstante

$$a = \mu \frac{\lambda}{2\pi} \sinh \alpha$$

(die klein, aber ebenso wie μ willkürlich ist) die Höhe der einfachen Welle darstellt — sie ist offenbar die maximale Abweichung der freien Oberfläche von der mittleren Niveauhöhe h.

Unter Benutzung des Ausdrucks (15') von α läßt sich für die Wellenhöhe die weitere Formel aufstellen:

(20) $$a = \frac{\mu h}{\alpha} \sinh \alpha.$$

14. Bemerkung über die Berechnung von τ'. — Der Wert der Transportgeschwindigkeit. Bei der Betrachtung dieser Lösungen haben wir systematisch Glieder zweiter Ordnung vernachlässigt, wobei $\frac{w-c}{c}$ eine Größe erster Ordnung darstellt.

Die in einem Element dL des Kanals konzentrierte Energie ist

$$\frac{1}{2} c^2 \left| \frac{w-c}{c} \right|^2 dL.$$

Der Hauptteil hiervon ist offenbar von der zweiten Ordnung, wenn das Verhältnis $\frac{w-c}{c}$ von der ersten Ordnung ist; und es ist wesentlich, hervorzuheben, daß die Betrachtung der Glieder erster Ordnung in einer beliebigen Lösung genügt, um die Glieder zweiter Ordnung im Ausdruck der Energie genau zu erhalten.

Wir sind daher imstande, aus der streng gültigen Beziehung (11′)

(11′) $$\frac{\gamma}{c} = \frac{\tau'}{\frac{1}{2}c^2},$$

wo τ' die mittlere Energiedichte bedeutet, auch die Geschwindigkeit des Transports bei unseren sinusförmigen Wellen mit gleicher Genauigkeit — also bis zu den Gliedern zweiter Ordnung — zu berechnen. Im Laufe der Berechnung von τ' ist es übrigens ohne weiteres erlaubt, die vereinfachten Ausdrücke der ersten Näherung zu benutzen, da alle Glieder von τ' bereits von der zweiten Ordnung sind, und die eventuell durch diese Vernachlässigung hinzukommenden Fehlerglieder von höherer als zweiter Ordnung sind.

Nach dieser Vorbemerkung gehen wir nun an die Berechnung von $\tau' = \frac{\tau}{h}$ und gehen dabei aus vom Ausdruck der Energie pro Einheit der Breite des Kanals

$$\frac{1}{2}\int |w - c|^2 dL\,.$$

Da $w = \frac{df}{dz}$ ist, folgt aus (9)

$$w - c = \frac{dF}{dz};$$

andererseits ist $F = \Phi + i\Psi$, und daher, da F analytisch ist:

$$\frac{dF}{dz} = \frac{\partial \Phi}{\partial x} - i\frac{\partial \Phi}{\partial y}\,.$$

Das Quadrat des absoluten Betrages von $w - c$ läßt sich daher in der Form darstellen

$$|w - c|^2 = \left(\frac{\partial \Phi}{\partial x}\right)^2 + \left(\frac{\partial \Phi}{\partial y}\right)^2 = \Delta_1 \Phi\,.$$

Nach einer klassischen Folgerung aus der GREENschen Umformung ergibt sich, wenn Λ irgendein Teilgebiet von L und s seinen Rand bedeutet:

$$\int_\Lambda \Delta_1 \Phi \, dL = -\int_s \Phi \frac{d\Phi}{dn}\, ds,$$

wo dn die innere Normale zu ds bezeichnet.

Um τ' auszurechnen, müssen wir $\frac{1}{2}\Delta_1 \Phi\, dL$ über ein Flächenstück Λ integrieren, das der Wellenlänge λ entspricht, und dann durch λh dividieren. Der Rand s von Λ besteht dann aus vier

Teilen: einer Strecke des Bodens von der Länge λ (etwa von $x = 0$ bis $x = \lambda$); zwei kongruenten Kurven (die auseinander durch eine Verschiebung um λ hervorgehen) und die die beiden Endpunkte der Bodenstrecke mit der freien Oberfläche verbinden (etwa die beiden Ordinaten, die den Abszissen $x = 0$ und $x = \lambda$ entsprechen); endlich dem Bogen von l zwischen den beiden Ordinaten $x = 0$ und $x = \lambda$. Da Φ periodisch ist und daher in zwei entsprechenden Punkten der beiden Ordinaten gleiche Werte hat, hat $\dfrac{d\Phi}{dn}$ in zwei solchen Punkten entgegengesetzte Werte (da dn die Richtung der inneren Normale ist). Daher heben sich die Integrale

$$\int \Phi \frac{d\Phi}{dn} ds,$$

die den beiden Ordinaten entsprechen, gegenseitig auf. Andererseits liefert auch die Bodenstrecke keinen Beitrag; da nämlich auf ihr $\dfrac{d\Phi}{dn} = \dfrac{\partial \Phi}{\partial y} = 0$ ist, ist $\Phi = \varphi - cx$ und daher $\dfrac{\partial \Phi}{\partial y} = \dfrac{\partial \varphi}{\partial y} = v = 0$.

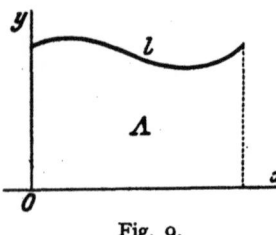

Fig. 9.

Daher bleibt schließlich

$$\tau' = \frac{1}{2\lambda h} \int_\Lambda \Delta_1 \Phi\, dL$$

oder

$$\tau' = -\frac{1}{2\lambda h} \int \Phi \frac{d\Phi}{dn} dl,$$

wo das Integral über l etwa zwischen $x = 0$ und $x = \lambda$ zu erstrecken ist.

Bis hierher haben wir durchaus genau gerechnet. Nunmehr berücksichtigen wir, daß der Ausdruck unter dem Integralzeichen in μ bereits von der zweiten Ordnung ist. Daher können wir die Integration längs l durch die Integration längs der Horizontalen $y = h$ ersetzen, wobei höchstens Glieder von der dritten Ordnung vernachlässigt werden. Dann ist aber $dl = dx$, $dn = -dy$, und daher

$$\tau' = \frac{1}{2\lambda h} \int_0^\lambda \Phi \frac{\partial \Phi}{\partial y}\, dx,$$

wo der Integrand sich auf $y = h$ bezieht. Aus (19') und (19) folgt aber

$$F = \Phi + i\Psi = -\frac{c\mu}{2\pi}\lambda \sin\frac{2\pi z}{\lambda}.$$

Vergleicht man hier die reellen und imaginären Teile und beachtet, daß die Wellenhöhe a den Wert $\frac{\mu\lambda}{2\pi}\sinh\alpha$ hat, so daß man $\frac{a}{\sinh\alpha}$ statt $\frac{\mu\lambda}{2\pi}$ schreiben kann, so folgt

$$\Phi = -\frac{ca}{\sinh\alpha}\sin\frac{2\pi x}{\lambda}\cdot\cosh\frac{2\pi y}{\lambda}.$$

Daraus folgt nach (15')

$$\left(\Phi\frac{\partial\Phi}{\partial y}\right)_{y=h} = \frac{2\pi}{\lambda}c^2 a^2 \frac{1}{\tgh\alpha}\sin^2\frac{2\pi x}{\lambda}.$$

Integriert man über eine ganze Wellenlänge und berücksichtigt den Ausdruck von τ', so folgt

$$\frac{\tau'}{\frac{1}{2}c^2} = \frac{1}{2\lambda h}a^2\frac{1}{\tgh\alpha}\cdot 2\pi = \frac{1}{2}\left(\frac{a}{h}\right)^2\frac{1}{\tgh\alpha}\frac{2\pi h}{\lambda}.$$

Benutzt man (15') noch einmal, so ergibt sich schließlich aus der AIRYschen Gleichung und aus (11')

(21) $$\frac{\gamma}{c} = \frac{1}{2}\left(\frac{a}{h}\right)^2\frac{gh}{c^2}.$$

Wir sehen also, daß die mittlere Transportgeschwindigkeit, von der wir von vornherein wußten, daß sie in bezug auf die Ausbreitungsgeschwindigkeit von der zweiten Ordnung ist, sich von c nur um den Reduktionsfaktor $\left(\frac{a}{h}\right)^2$ unterscheidet, der gerade von der zweiten Ordnung ist, und um den „endlichen" Faktor $\frac{1}{2}\frac{gh}{c^2}$.

15. Über die Existenz exakter Lösungen. — Die Untersuchungen von CISOTTI. Nachdem wir die Differenzen-Differentialgleichung (E') hergeleitet und behauptet haben, daß sie den Schlüssel zu der ganzen Theorie der periodischen Wellen darstellt, haben wir uns in Wahrheit auf die Diskussion der nur in erster Näherung gültigen Lösungen beschränkt, die man auf anderem Wege bereits vor langer Zeit gefunden hatte. Es wäre nun an der Zeit, zu sagen, worin denn der wesentliche Fortschritt besteht, den die Gleichung (E') zu erzielen gestattet.

Die Kürze der Zeit erlaubt mir nicht, darauf ausführlich einzugehen. Ich will daher offen erklären, daß es mir bisher nicht gelungen ist, aus der Gleichung (E') die Folgerung zu ziehen, die ich ursprünglich durch die Anwendung der Funktionentheorie aus ihr zu ziehen hoffte: nämlich den allgemeinen Existenzbeweis und darüber hinaus ein konstruktives Verfahren zur Aufstellung der strengen Lösungen, die den Wellen von gegebener Länge und geeigneter Ausbreitungsgeschwindigkeit c entsprechen.

Es handelt sich hier um einen Existenzsatz, der nicht bloß mathematische oder spekulative Bedeutung hat, sondern auch vom physikalischen Standpunkt aus wesentlich ist. STOKES hat zuerst das Problem in zweiter und dann auch noch in dritter Näherung untersucht, indem er alle Bedingungen des Problems unter der Annahme zu befriedigen suchte, daß nicht mehr $\beta^2 = \left(\dfrac{v_a}{c}\right)^2$, wie in der elementaren Theorie, zu vernachlässigen ist, sondern nur β^3 oder β^4; und er hat daraus bemerkenswerte Eigenschaften gefolgert, die mit der Erfahrung im Einklang stehen, sofern sie wirklich einer experimentellen Kontrolle zugänglich sind. Dies hat ihn dazu geführt, die Existenz von periodischen Wellen, die sich ohne Änderung der Gestalt fortpflanzen, als evident und die strenge Bestätigung dieser Einsicht, d. h. die unbeschränkte Möglichkeit der weiteren Approximationen und die Konvergenz des Verfahrens als ein lediglich vom rein mathematischen Standpunkt aus interessantes Problem anzusehen.

Lord RAYLEIGH hat ursprünglich die Existenz der periodischen Wellen von permanentem Typus aus Stabilitätsgründen stark bezweifelt. Im Laufe seines Lebens aber ist er unter dem Eindruck der (approximativen) Resultate von McCOWAN und des Erfolgs der KORTEWEG-DE VRIESschen Methode der zyklischen Koordinaten zur entgegengesetzten Überzeugung gelangt.

Als ein wahrhaft großer Forscher hat er dann aus seiner Entwickelung die Folgerungen gezogen und seinerseits die Untersuchungen von STOKES aufgenommen und die Näherungen noch etwas weiter verfolgt, um so den späteren Forschern die eigenen Zweifel zu ersparen.

Die weitere Entwicklung dürfte heute vor allem an unsere Gleichung (E') anknüpfen: ich muß mich aber heute auf Desiderata beschränken.

Ich erlaube mir noch hinzuzufügen, daß diese Gleichung sich bei der Untersuchung der weiteren Annäherungen als sehr vorteilhaft erwiesen hat[1]); und daß andererseits Hr. CISOTTI[2]) bei der Verallgemeinerung der obigen Entwicklungen für den permanenten Typus auf das allgemeine Problem der veränderlichen Wellenbewegung zu einer zu (E') analogen Differenzen-Differentialgleichung gelangt ist, die für den Fall der kleinen Bewegungen bei der Untersuchung der Wellenausbreitung in einem Kanal von beliebiger Tiefe bereits zu glänzendsten Ergebnissen geführt hat. Es ist ihm so gelungen, den Einfluß des Bodens auf die Wellenausbreitung zu analysieren, und damit einen wesentlichen Fortschritt über die berühmten Untersuchungen von POISSON und CAUCHY zu erzielen, die ausschließlich den Grenzfall unendlicher Teife betrachteten.

Dritter Vortrag.

Parallelismus und Krümmung in einer beliebigen Mannigfaltigkeit.

1. Parallelismus auf einer Fläche. Wir betrachten eine zweidimensionale Mannigfaltigkeit, d. h. eine Fläche σ; einen ihrer Punkte P, die Tangentialebene π in P und eine beliebige Tangentialrichtung in P, die also in π liegt. Wir denken uns die Richtung durch einen entsprechenden *Versor* (Einheitsvektor) $\mathfrak{u}$ dargestellt und sagen demgemäß einfach „Richtung $\mathfrak{u}$" statt „Richtung, deren Versor $\mathfrak{u}$ ist".

Es sei ferner P_1 ein anderer Punkt von σ und π_1, die Tangentialebene an σ im Punkte P_1.

Wenn die Fläche σ *abwickelbar* ist, so kann man offenbar die Tangentialrichtungen in P und die in P_1 durch Parallelismus einander entsprechen lassen, indem man $\mathfrak{u}_1$ *auf der Fläche parallel zu* $\mathfrak{u}$ nennt, wenn $\mathfrak{u}_1$ bei Abwicklung der Fläche σ auf die Ebene im gewöhnlichen Sinne parallel zu $\mathfrak{u}$ wird.

---

[1]) Vgl. CRUDELI, U.: Sulle onde progressive di tipo permanente oscillatorie. Rend. della R. Acc. dei Lincei, vol. XXVIII, 2 (1919), S. 174—178; vol. XXIX, 2 (1920), S. 265—269.

[2]) Ebendaselbst vol. XXVII, 2 (1918), S. 255—259, 312—316; vol. XXVIII, 1, S. 196—199; vol. XXIX, 1, S. 131—133, 175—180, 261—264.

Ein solches Kriterium fehlt im Falle einer nicht abwickelbaren Fläche (auch der einfachsten, z. B. der Kugel), und es liegt nahe, eine angemessene Verallgemeinerung zu suchen. Man gelangt dazu auf dem kürzesten Wege, indem man zu den schon betrachteten Lagenbeziehungen (die ohne weitere Erklärung für die abwickelbaren Flächen ausreichen) eine, von vornherein willkürliche Verkettungsregel hinzunimmt; wenn man z. B. annimmt, daß P_1 aus P durch *Verschiebung längs einer bestimmten Kurve T* hervorgeht.

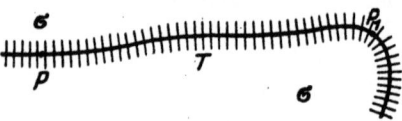

Fig. 10.

Bezüglich dieser Kurve T kann man offenbar den Parallelismus zwischen Richtungen in P und P_1 definieren, indem man die σ längs T berührende abwickelbare Fläche σ_T heranzieht, die von den σ in den Punkten von T berührenden Ebenen umhüllt wird. Wir definieren als flächenmäßigen Parallelismus bezüglich unserer Fläche σ und der Kurve T den Parallelismus bezüglich σ_T.

2. **Erste Folgerungen. — Flächenmäßige Äquipollenz von Vektoren.** Es ist eine unvermeidliche Folge der soeben gegebenen Definition, daß (im Gegensatz zu den Verhältnissen auf einer abwickelbaren Fläche) die zur Richtung $\mathfrak{u}$ in P flächenmäßig parallele Richtung $\mathfrak{u}_1$ in P_1 nicht eindeutig durch die Daten P, P_1 und $\mathfrak{u}$ bestimmt ist, sondern im allgemeinen auch von der Verschiebungskurve abhängt. In dieser Hinsicht zeigt der geometrische Begriff des Parallelismus Verwandtschaft mit dem physikalischen der Arbeit oder (indem wir auf die analytische Formulierung zurückgehen) mit dem Integral eines Differentialausdrucks $X_1 dx_1 + X_2 dx_2$. Betrachten wir nämlich x_1 und x_2 als irgendwelche Koordinaten auf σ, so hängt der Wert eines solchen Integrals zwischen den Punkten P und P_1 im allgemeinen ab von der Kurve T, längs der integriert wird, und wird nur dann davon unabhängig, wenn $X_1 dx_1 + X_2 dx_2$ ein vollständiges Differential ist.

Wir wenden uns wieder zum Parallelismus längs T zurück und bemerken zunächst, *daß bei der Verschiebung die Winkel erhalten bleiben*, d. h. wenn $\mathfrak{a}$ und $\mathfrak{b}$ zwei Richtungen in P sind, so bilden die zu ihnen flächenmäßig parallelen $\mathfrak{a}_1$ und $\mathfrak{b}_1$ in P_1 denselben Winkel. Dies ergibt sich unmittelbar aus den beiden Tatsachen, daß in der Ebene, auf die abgewickelt wird, nach der

Konstruktion die Richtungen $\mathfrak{a}$ und $\mathfrak{a}_1$, $\mathfrak{b}$ und $\mathfrak{b}_1$ im gewöhnlichen Sinne parallel sind, und daß bei der Abwicklung die Winkel nicht geändert werden.

Die bisherigen Betrachtungen beziehen sich nur auf Richtungen und die entsprechenden Versoren. Natürlich kann dieselbe Konstruktion, vermöge deren man von $\mathfrak{u}$ zu $\mathfrak{u}_1$ gelangt, auch auf einen beliebigen tangentiellen Vektor $\mathfrak{R}$ der Länge R angewandt werden. Ist nämlich $\mathfrak{u}$ der entsprechende Versor, so ist $\mathfrak{R} = R\mathfrak{u}$, und man findet einen Vektor $\mathfrak{R}_1 = R\mathfrak{u}_1$, d. h. einen Vektor in P_1, von der Länge R in der Richtung $\mathfrak{u}_1$. Wir nennen $\mathfrak{R}$ und $\mathfrak{R}_1$ (flächenmäßig) äquipollente Vektoren bezüglich des Weges T. Dieser Begriff der Äquipollenz kommt ohne weiteres auf den des Parallelismus zurück, da zwei tangentielle Vektoren äquipollent sind, wenn sie parallel sind und dieselbe Länge haben.

Besondere Aufmerksamkeit verdient der Fall, in dem die Verschiebungskurve T eine geodätische Linie der Fläche σ ist. Sie ist dann auch geodätische Linie von σ_T. Um dies einzusehen, bemerken wir nur, daß σ und σ_T längs der Kurve T dieselbe Tangentialebene und daher dieselben Normalen haben, so daß die Schmiegungsebenen von T, wenn sie zu einer der beiden Flächen normal sind (und das ist charakteristisch für die geodätischen Linien), es auch zur anderen sind. Bei der Abwicklung wird die geodätische Linie zu einer Geraden. Ist daher die Richtung, die man längs T parallel verschiebt, anfangs die Richtung von T selbst, so bleibt sie es in jedem anderen Punkt. *Jede geodätische Linie hat daher die Eigenschaft, überall dieselbe Richtung zu behalten* (d. h. daß ihre Linienelemente parallel sind bezüglich der Verschiebung längs der Geodätischen selbst).

Man erkennt in diesem Satze eine natürliche Übertragung der anschaulichen Vorstellung von der geraden Linie auf krumme Flächen, jener Vorstellung, die EUKLID in die Worte faßt: εὐθεῖα γραμμή ἐστιν, ἥτις ἐξ ἴσου τοῖς ἐφ' ἑαυτῆς σημείοις κεῖται.

3. **Infinitesimale Verschiebung. — Differentielle Form des Gesetzes des Parallelismus.** Es liege P_1 unendlich nahe bei P, so daß der Weg T zu dem Elementarbogen PP_1 wird, der bis auf unendlich kleine Größen höherer Ordnung eindeutig durch seine Endpunkte bestimmt ist. Für die Abwicklung genügt es dann, der Ebene π_1 eine unendlich kleine Drehung um die Gerade r zu erteilen, in der sie π schneidet. Die Richtung dieser Geraden

ist übrigens die in P (oder, was bis auf unendlich kleine Größen höherer Ordnung dasselbe ist, in P_1) zur Richtung PP_1 konjugierte. Wir bezeichnen mit $-\mathfrak{w}$ den (unendlich kleinen) Vektor, der nach Richtung und Größe die unendlich kleine Rotation darstellt, durch die π_1 in π übergeht. Dann ist $\mathfrak{w}$ die Rotation, die die Ebene π_1 aus der Lage, die sie nach der Abwicklung einnimmt, in die ursprüngliche Lage zurückführt, in der sie die Fläche σ in P_1 berührt. Ist $\mathfrak{u}$ eine Tangentialrichtung in P, so müssen wir nach der Definition in der Abwicklungsebene die Parallele zu $\mathfrak{u}$ ziehen; die Richtung $\mathfrak{u}_1$ erhält man aus der Richtung $\mathfrak{u}$ durch die Rotation $\mathfrak{w}$, die die Ebene π_1 in ihre ursprüngliche Lage zurückführt. Nach den einfachsten Sätzen der Kinematik starrer Körper hat man für die Differenz von $\mathfrak{u}_1$ und $\mathfrak{u}$, d. h. für den unendlich kleinen Zuwachs $d\mathfrak{u}$, den der Versor $\mathfrak{u}$ bei Verschiebung von P nach P_1 erfährt, den Ausdruck

$$d\mathfrak{u} = \mathfrak{w} \wedge \mathfrak{u},$$

worin mit $\wedge$ nach BURALI-FORTI und MARCOLONGO das vektorielle Produkt bezeichnet wird.

Da $\mathfrak{w}$ und $\mathfrak{u}$ der Ebene π angehören, steht $d\mathfrak{u}$ senkrecht auf dieser Ebene oder ist im besonderen gleich Null[1]). Ist daher $\mathfrak{t}$ ein Versor der Ebene π, so ist das skalare Produkt

(1) $$\mathfrak{t} \times d\mathfrak{u} = 0$$

Das besagt, daß die Produkte $\mathfrak{t} \times \mathfrak{u}_1$ und $\mathfrak{t} \times \mathfrak{u}$ bis auf unendlich kleine Größen höherer Ordnung gleich sind. Bei Einheitsvektoren bedeutet die Gleichheit der skalaren Produkte $\mathfrak{t} \times \mathfrak{u}_1$ und $\mathfrak{t} \times \mathfrak{u}$ Gleichheit der Winkel, d. h. *die zu $\mathfrak{u}$ parallele Richtung $\mathfrak{u}_1$ bildet mit jeder Tangentialrichtung in P bis auf unendlich kleine Größen höherer Ordnung denselben Winkel wie $\mathfrak{u}$.*

Wir heben hervor, daß umgekehrt diese Eigenschaft und mit ihr die Beziehung (1) für den Parallelismus charakteristisch ist, so daß man sie als (differentielle) Definition des flächenmäßigen Parallelismus nehmen kann. Dies beweist man folgendermaßen:

---

[1]) Dies tritt ein, wenn die Richtung von $\mathfrak{u}$ mit der von $\mathfrak{r}$, d. h. wie wir soeben bemerkt haben, mit der zu PP_1 konjugierten Richtung zusammenfällt. Man schließt daraus, daß die zu $\mathfrak{u}$ flächenmäßig parallele Richtung dann und nur dann mit der Euklidischen Parallelen zusammenfällt, wenn $\mathfrak{u}$ die zu PP_1 konjugierte Richtung hat. Diese Bemerkung rührt von Herrn BOMPIANI her. Vgl. Sistemi coniugati sulle superficie degli iperspazi. Rend. del Circolo Mat. di Palermo, 46 (1922), S. 91—104.

Da $t \times d u$ für jede Richtung t der Ebene π verschwinden muß, steht du notwendigerweise senkrecht auf π. Andererseits gehört u_1, d. h. $u + du$ der Ebene π_1 an. Der Vektor u läßt sich aber auf genau eine Weise in einen der Ebene π_1 angehörigen und einen auf π senkrecht stehenden zerlegen, so daß diese beiden Vektoren, nämlich u_1 und $- du$ durch diese Forderung eindeutig bestimmt sind.

4. Virtuelle Verschiebung. Symbolische Gleichung. Man kann der Gleichung (1) eine andere Form geben, indem man an Stelle des Versors t eine willkürliche Verschiebung in der Fläche σ, d. h. einen beliebigen in P tangential gerichteten Vektor δP in sie eingehen läßt. Ein solcher Vektor läßt sich immer in der Gestalt εt darstellen, worin ε seine Länge bezeichnet. Multipliziert man (1) mit ε, so erhält die gleichwertige Beziehung

(1') $$du \times \delta P = 0,$$

die an das Prinzip der virtuellen Verschiebungen erinnert.

In der Tat, dieses bestimmt durch eine symbolisch zusammenfassende Formel die Beschleunigung (Änderung der Geschwindigkeit), wenn man von einem Moment zu einem benachbarten übergeht; die einfachere Gleichung (1') bestimmt die räumliche Änderung des Versors u, wenn man ihn durch flächenmäßigen Parallelismus vom Punkt P nach dem benachbarten Punkt P_1 überträgt.

Bezieht man sich auf ein rechtwinkliges Koordinatensystem $O y_1 y_2 y_3$ und bezeichnet man mit α_ν ($\nu = 1, 2, 3$) die Richtungskosinus von u und mit δy_ν die Komponenten der virtuellen Verschiebung δP, so kann man (1') durch die gleichwertige skalare Gleichung

(2) $$\sum_{\nu=1}^{3} d\alpha_\nu \delta y_\nu = 0$$

ersetzen, die die Änderung der Richtungskosinus festlegt.

Bezeichnet bei einer endlichen Verschiebung längs einer Kurve T die Bogenlänge mit s und betrachtet man die Richtungskosinus α_ν der Richtung u als Funktionen von s, so werden ihre Ableitungen $\dfrac{d\alpha_\nu}{ds} = \alpha_\nu'$ in jedem Punkt von T durch die symbolische, ebenfalls mit (1') gleichwertige Gleichung

(2') $$\sum_{\nu=1}^{3} \alpha_\nu' \delta y_\nu = 0$$

oder, wenn man will, durch die geometrische Konstruktion mit Hilfe der abwickelbaren Fläche σ_T bestimmt.

5. Der biegungsinvariante Charakter des flächenmäßigen Parallelismus. Ist die Verschiebungskurve T eine geodätische Linie, so hängt der Parallelismus ausschließlich von der Fläche σ, d. h. von dem Bogenelement ds ab, aber nicht von der Lage der Fläche im Raum, wie man nach der geometrischen Konstruktion (die den umgebenden Raum benutzt) oder der gleichwertigen Formel (2) vermuten könnte.

In der Tat, erinnern wir uns an die allgemeine Eigenschaft der Parallelverschiebung, die Winkel nicht zu ändern, und an die besondere der geodätischen Linien, ihre Richtung beizubehalten, so sehen wir, daß die zur Richtung $\mathfrak{u}$ in P parallele Richtung $\mathfrak{u}_1$ in P_1 dadurch festgelegt ist, daß sie (der Fläche angehören und) mit der geodätischen in P_1 denselben Winkel bilden muß wie $\mathfrak{u}$ in P. Man sieht, es handelt sich um Eigenschaften, die nur von der Metrik der Fläche σ abhängen.

Dies auf eine geodätische Linie T bezügliche Ergebnis überträgt man leicht auf den allgemeinen Fall, indem man die Verschiebung längs der Kurve PP_1 in eine Reihe unendlich kleiner Verschiebungen zerlegt. Bei einer solchen Verschiebung hängt die (unendlich kleine) Änderung der Richtung $\mathfrak{u}$, wie wir gesehen haben, nur vom Anfangs- und Endpunkt ab, nicht von dem verbindenden Weg. Andererseits ist die Parallelverschiebung längs eines geodätischen Bogens biegungsinvariant, d. h. sie hängt nur von dem Bogenelement ds der Fläche σ ab, nicht von ihrer Lage im umgebenden Raum. Die Änderung der Richtung $\mathfrak{u}$ und damit der Parallelismus zeigt also biegungsinvariantes Verhalten, längs was für einer Kurve wir auch die Verschiebung vornehmen.

6. Analytische Darstellung. Wir wollen den Parallelismus formelmäßig behandeln, indem wir auf der Fläche σ irgendwelche krummlinige Koordinaten x_1, x_2 eingeführt denken und die Formel (2) entsprechend transformieren.

Die rechtwinkligen Koordinaten y_ν der Punkte von σ sind dann wohlbestimmte Funktionen von x_1 und x_2; man hat die Parameterdarstellung der Fläche durch

(3) $$y_\nu = y_\nu(x_1, x_2) \qquad (\nu = 1, 2, 3).$$

Das Quadrat des Linienelementes, d. h. des Abstandes zweier benachbarter Punkte der Fläche, die den Koordinaten x_i und

Parallelismus und Krümmung in einer beliebigen Mannigfaltigkeit.

$x_i + dx_i$ ($i = 1, 2$) entsprechen, bestimmt sich aus (3) zu

(4) $$ds^2 = \sum_{\nu=1}^{3} dy_\nu{}^2 = \sum_{i,k=1}^{2} a_{ik} dx_i dx_k.$$

In jedem regulären Punkt der Fläche sind die Größen a_{ik} reguläre[1]) Funktionen der Koordinaten; und die quadratische Differentialform ist positiv definit.

Die Koordinaten y_1, y_2, y_3 eines Punktes P von σ sind nach (3) durch seine krummlinigen Koordinaten x_1, x_2 bestimmt. Eine der Fläche angehörige Richtung $\mathfrak{u}$ in P wird durch die unendlich kleinen Änderungen dx_1, dx_2 festgelegt, die die Koordinaten erfahren, wenn man von P in der Richtung $\mathfrak{u}$ zu einem benachbarten Punkt der Fläche übergeht. So entspricht jedem Paar von Differentialen dx_1, dx_2 eine wohlbestimmte Richtung, aber nicht umgekehrt, da einer Richtung, entsprechend der (unendlich kleinen, aber willkürlichen) Länge des betreffenden Vektors, unendlich viele Paare dx_1, dx_2 entsprechen, die sämtlich zueinander proportional sind. Um das Entsprechen eineindeutig zu machen, führen wir die Richtungsparameter

$$u^{(1)} = \frac{dx_1}{ds}, \qquad u^{(2)} = \frac{dx_2}{ds}$$

ein, d. h. die Änderungen der Koordinaten, dividiert durch die Länge der Verschiebung. Diese Parameter (die offenbar zu den Richtungskosinus werden, wenn die Fläche eben ist, und x_1, x_2 rechtwinklige Koordinaten sind) sind vermöge der Gleichung (4) durch die quadratische Beziehung

(5) $$\sum_{i,k=1}^{2} a_{ik} u^{(i)} u^{(k)} = 1$$

miteinander verbunden, die im ebenen Falle auf die bekannte Beziehung herausläuft, daß die Summe der Quadrate der Richtungskosinus gleich eins ist.

Man kann $\mathfrak{u}$ als Richtung in dem umgebenden Raume ansehen; als solcher kommen ihr drei Richtungskosinus nach den Bezugsachsen der y_ν zu, und diese sind nichts anderes als die Verhältnisse $\dfrac{dy_\nu}{ds}$ der Änderungen der rechtwinkligen Koordinaten, zur Länge des Linienelementes ds in der Richtung $\mathfrak{u}$. Den Ausdruck der Änderungen dy erhält man durch Differenzieren der

---

[1]) D. h. endliche, stetige und genügend oft differenzierbare.

Levi-Civita, Vorträge.

Gleichung (3). Dividiert man durch ds und erinnert man sich an die Definition der Parameter $u^{(1)}$, $u^{(2)}$, so erhält man

$$(6) \qquad a_\nu = \sum_{j=1}^{2} \frac{\partial y_\nu}{\partial x_j} u^{(j)}.$$

In ähnlicher Weise erhält man aus (3) den Ausdruck für die Komponenten δy_ν einer virtuellen Verschiebung δP. Eine solche Verschiebung, die von P zu einem benachbarten Punkt der Fläche σ führt, erhält man, indem man die Koordinaten um beliebige unendlich kleine Größen δx_1, δx_2 ändert. Dadurch ändern sich die rechtwinkligen Koordinaten y_ν um die Beträge

$$(6') \qquad \delta y_\nu = \sum_{k=1}^{2} \frac{\partial y_\nu}{\partial x_k} \delta x_k.$$

Hier gehen wir so vor, wie bei der klassischen Ableitung der LAGRANGEschen Gleichungen mit Hilfe des Prinzips der virtuellen Verrückungen. Wir tragen (6) und (6') ein in die symbolische Formel (2) und setzen die Koeffizienten der willkürlichen Differentiale δx_1, δx_2 gleich Null. So ergibt sich

$$\sum_{\nu=1}^{3} d a_\nu \delta y_\nu = \sum_{k=1}^{2} \delta x_k \sum_{j=1}^{2} \sum_{\nu=1}^{3} \frac{\partial y_\nu}{\partial x_k} d\left(\frac{\partial y_\nu}{\partial x_j} u^{(j)}\right) = 0,$$

und daher
$$\sum_{j=1}^{2} \sum_{\nu=1}^{3} \frac{\partial y_\nu}{\partial x_k} d\left(\frac{\partial y_\nu}{\partial x_j} u^{(j)}\right) = 0 \qquad (k = 1, 2).$$

Diese beiden Gleichungen bestimmen die Änderungen $du^{(1)}$, $du^{(2)}$, die die Parameter einer beliebigen Richtung u erfahren, wenn wir diese längs der unendlich kleinen Strecke dx_1, dx_2 parallel verschieben. Die Gleichungen enthalten noch die Ausdrücke der rechtwinkligen Koordinaten $y(x_1, x_2)$, so daß sie in dieser Form noch nicht die Biegungsinvarianz des Parallelismus erkennen lassen. Es ist aber leicht, sie so zu transformieren, daß darin nur noch invariante Elemente der Fläche, d. h. ihres Linienelementes auftreten.

Zu diesem Zweck gehen wir von dem Ausdruck der Koeffizienten a_{ik} aus, der sich sofort aus (4) ergibt:

$$a_{ik} = a_{ki} = \sum_{\nu=1}^{3} \frac{\partial y_\nu}{\partial x_i} \frac{\partial y_\nu}{\partial x_k}.$$

Parallelismus und Krümmung in einer beliebigen Mannigfaltigkeit.

Führen wir die CHRISTOFFELschen Symbole erster Art ein:
$$a_{jl,k} = \frac{1}{2}\left(\frac{\partial a_{kl}}{\partial x_j} + \frac{\partial a_{kj}}{\partial x_l} - \frac{\partial a_{jl}}{\partial x_k}\right),$$
so wird
$$a_{jl,k} = \frac{1}{2}\left\{\frac{\partial}{\partial x_j}\sum_{\nu=1}^{3}\frac{\partial y_\nu}{\partial x_k}\frac{\partial y_\nu}{\partial x_l} + \frac{\partial}{\partial x_l}\sum_{\nu=1}^{3}\frac{\partial y_\nu}{\partial x_k}\frac{\partial y_\nu}{\partial x_j} - \frac{\partial}{\partial x_k}\sum_{\nu=1}^{3}\frac{\partial y_\nu}{\partial x_j}\frac{\partial y_\nu}{\partial x_l}\right\}$$
$$= \sum_{\nu=1}^{3}\frac{\partial^2 y_\nu}{\partial x_l \partial x_j}\frac{\partial y_\nu}{\partial x_k},$$
und daher
$$\sum_{\nu=1}^{2} a_{jl,k}\, dx_l = \sum_{\nu=1}^{3}\frac{\partial y_\nu}{\partial x_k}\, d\,\frac{\partial y_\nu}{\partial x_j}.$$

Mit Hilfe dieser Identität und der Definition der a_{kj} nehmen die vorangegangenen Gleichungen des Parallelismus die Gestalt
$$\sum_{j=1}^{2} a_{kj}\, du^{(j)} + \sum_{j,l=1}^{2} a_{jl,k}\, u^{(j)}\, dx_l = 0 \qquad (k=1,2)$$
an, in der sie kein der Flächenmetrik fremdes Element mehr enthalten.

Um diese Gleichungen nach $du^{(j)}$ aufzulösen, multiplizieren wir sie mit $a^{(ki)}$[1]) und summieren nach k von 1 bis 2. Mit Rücksicht auf die Identität
$$\sum_{k=1}^{2} a_{kj}\, a^{(ki)} = \varepsilon_{ij} \qquad (\varepsilon_{ij}=0,\ \text{wenn}\ i \neq j;\ =1,\ \text{wenn}\ i=j)$$
und mit Benutzung der CHRISTOFFELschen Symbole zweiter Art
$$\left\{\begin{matrix}ij\\l\end{matrix}\right\} = \sum_{k=1}^{2} a^{(ki)} a_{jl,k}$$
ergeben sich die Gleichungen

(7) $$du^{(i)} + \sum_{j,l=1}^{2}\left\{\begin{matrix}jl\\i\end{matrix}\right\} u^{(j)}\, dx_l = 0,$$

die Differentialgleichungen des Parallelismus in ihrer endgültigen Gestalt. In ihnen sind, wir wiederholen es, $u^{(1)}$ und $u^{(2)}$ die Parameter der zu verschiebenden Richtung, dx_1 und dx_2 bestimmen den Weg der Verschiebung und die CHRISTOFFELschen Symbole

---

[1]) D. h. mit den Koeffizienten der zur quadratischen Form $\sum_{i,k=1}^{2} a_{ik}\, dx_i\, dx_k$ reziproken Form. $a^{(ik)}$ ist das algebraische Komplement von a_{ik} in der Determinante a dieser Größen, dividiert durch a.

$\{{ij \atop l}\}$, bekannte Funktionen des Ortes, hängen von der Metrik der Mannigfaltigkeit ab, in der man sich bewegt.

Es braucht kaum gesagt zu werden, daß man von den Differentialen ohne weiteres zu Ableitungen übergehen kann, indem man die Strecke dx_1, dx_2 als einer Kurve T angehörig ansieht. Sei

$$x_i = x_i(s) \qquad (i = 1, 2)$$

ihre Parameterdarstellung, in der s die Bogenlänge ist, gerechnet von einem beliebigen Anfangspunkt. Bei einer unendlich kleinen Verschiebung längs T hat man

$$dx_i = x_i' ds,$$

wenn der Strich Ableitung nach s bedeutet. Die Gleichungen (7) ergeben durch ds dividiert

(7') $$\frac{du^{(i)}}{ds} + \sum_{j,l=1}^{2} \{{jl \atop i}\} u^{(j)} x_l' = 0.$$

Längs der Kurve T sind die Koordinaten x, ihre Ableitungen x' und die Ortsfunktionen $\{{jl \atop i}\}$ als bekannte Funktionen der unabhängigen Veränderlichen s anzusehen. Die Gleichungen (7) stellen demgemäß ein System linearer Differentialgleichungen für die unbekannten Funktionen $u^{(i)}(s)$ dar. Daraus folgt, auf Grund der bekannten Existenzsätze, der analytische Beweis der anschaulichen Tatsache, daß zu einer gegebenen Richtung in einem Punkte P der Kurve T die parallelen Richtungen in jedem Punkt von T bestimmt sind.

7. Äquipollenzverschiebung. — Vertauschbarkeit. Schon in Nr. 2 haben wir gesehen, daß die geometrische Konstruktion der Verschiebung durch flächenmäßigen Parallelismus sich nicht nur auf Richtungen, d. h. Einheitsvektoren, sondern ebensowohl auf tangentielle Vektoren beliebiger Länge anwenden läßt. Dasselbe gilt von dem analytischen Prozeß: ein Tangentialvektor $\Re$, der σ berührt, wird nach Länge und Richtung charakterisiert durch zwei Komponenten $R^{(i)}$ (im kontravarianten System), die zu den Parametern $u^{(i)}$ seiner Richtung proportional sind, indem seine Länge R als Proportionalitätsfaktor dient. So hat man

$$R^{(i)} = u^{(i)} R$$

und daher

$$\sum_{i,k=1}^{2} a_{ik} R^{(i)} R^{(k)} = R^2.$$

Man bemerke, daß diese Tangentialvektoren, obwohl sie durch die beiden Komponenten $R^{(1)}$, $R^{(2)}$ biegungsinvariant definiert sind, als geometrisches Bild gerade Strecken haben, die von einem Punkt der Fläche σ in tangentialer Richtung ausgehen, also im allgemeinen nicht ganz der Fläche angehören. Handelt es sich aber um unendlich kleine Vektoren, so fällt das Flächenelement der Tangentialebene, der sie angehören, mit dem Element der Fläche σ in P zusammen, und man kann sagen, daß die Vektoren nicht aus der Fläche heraustreten. Dann reduziert sich die Länge R auf die eines Linienelementes, und man kann die Größen $R^{(i)} = u^{(i)} ds$ als Änderungen dx_i der Koordinaten beim Übergang vom Punkt P zu dem benachbarten Punkt P_1 ansehen.

Ist $\mathfrak{R}$ ein Vektor endlicher oder unendlich kleiner Länge, so wird die Äquipollenzverschiebung definiert durch die Gleichungen

(8) $$dR^{(i)} + \sum_{j,l=1}^{2} \left\{ {jl \atop i} \right\} R^{(j)} dx_l ,$$

die aus (7) dadurch hervorgehen, daß man $u^{(i)}$ durch $R^{(i)}$ ersetzt. Man bestätigt nämlich leicht, daß sie die Bedingungen der Äquipollenzverschiebung erfüllen, daß nämlich die Länge eines Vektors ungeändert bleibt und seine Richtung parallel verschoben wird[1]).

Nunmehr betrachten wir zwei Paare von Differentialen dx_i, δx_i und die entsprechenden unendlich kleinen Verschiebungsvektoren $dP = PP_1$, $\delta P = PP_2$.

Wir wollen mit df die Änderung bezeichnen, die ein beliebiger Vektor oder eine seiner Komponenten f erfährt, wenn wir durch Äquipollenzverschiebung von P nach P_1 übergehen, mit δf die Änderung beim Übergang von P nach P_2. Ebenso sei $d\delta P$ die Änderung von δP bei Verschiebung von P nach P_1 und $d\delta x_i$ die Änderung der Größe δx_i, seiner Komponente im kontravarianten System. Die Gleichung (8) gibt für diese

(9) $$d\delta x_i = - \sum_{j,l=1}^{2} \left\{ {jl \atop i} \right\} \delta x_j dx_l \qquad (i = 1, 2) .$$

Die Verschiebung von P nach P_2 gibt Anlaß zur Änderung δdP, und es wird entsprechend

$$\delta dx_i = - \sum_{j,l=1}^{2} \left\{ {jl \atop i} \right\} dx_j dx_l .$$

---

[1]) Man findet dies durchgeführt in § 6 meiner Arbeit „Nozione di parallelismo in una varietà qualunque", Rend. del Circ. Mat. di Palermo, 44, S. 1—32. 1917. Vgl. auch meine demnächst erscheinenden „Lezioni di calcolo differenziale assoluto" (Roma, Stock), ausgearbeitet von Herrn PERSICO.

Da nach ihrer Definition die CHRISTOFFELschen Symbole in den beiden oberen Indizes symmetrisch sind, d. h. $\{{}^{ij}_{l}\} = \{{}^{ij}_{l}\}$ ist, so braucht man nur l und j in einer der Summen zu vertauschen, um die Beziehung

$$d\delta x_i = \delta d x_i,$$

d. h. die Vertauschbarkeit der soeben definierten Operatoren d und δ zu erhalten.

Die geometrische Bedeutung dieses Ergebnisses ist besonders einfach. Bei unendlich kleinen Vektoren sind ja die Komponenten im kontravarianten System Koordinatendifferenzen. Sind daher x_i die Koordinaten des Punktes P, so sind $x_i + dx_i$ die von P_1 und $x_i + \delta x_i$ die von P_2. Bezeichnen wir mit Q den Punkt, zu dem von P_1 aus der zu δP äquipollente Vektor führt, der ja im kontravarianten System die Komponenten $\delta x_i + d\delta x_i$ hat, so hat Q die Koordinaten

$$x_i + dx_i + \delta x_i + d\delta x_i.$$

Diese Ausdrücke ändern sich aber nicht, wenn wir d mit δ vertauschen. Wir gelangen also zu demselben Punkt Q, wenn wir von P_2 den zu dP äquipollenten Vektor ausgehen lassen. Das können wir anschaulich ausdrücken, indem wir sagen: *für unendlich kleine flächenmäßig äquipollente Vektoren gilt die Parallelogrammregel*[1]).

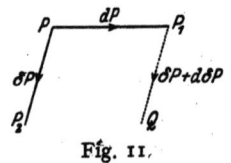

Fig. 11.

Anmerkung. Verließe man den Bereich der Geometrie auf der Fläche und betrachtete man die Vektoren dP, δP als räumliche Vektoren, so würde man kein Parallelogramm, nicht einmal ein geschlossenes Viereck erhalten. Man erkennt das ohne Schwierigkeit, wenn man sich an die räumliche Konstruktion der flächenmäßig äquipollenten Vektoren in Nr. 3 erinnert. Ihr entnimmt man, daß die Vektoren $d\delta P$ und δdP beide die Richtung der Normalen von σ in P haben; ihre Längen werden aber im allgemeinen verschieden sein. In der Tat besteht zwischen den Punkten P, P_1, P_2 und den entsprechenden Tangentialebenen π, π_1, π_2 von vornherein kein anderer Zusammenhang als der, daß sie

---

[1]) Man könnte von dieser Eigenschaft ausgehend den Parallelismus bezüglich der Metrik von σ invariant und unabhängig von dem umgebenden Raum definieren. Diese Methode ist ohne weiteres auf Mannigfaltigkeiten V_n beliebiger Dimension anwendbar. Vgl. WEYL, H.: Gravitation und Elektrizität. Sitzber. d. preuß. Ak. d. Wiss. 1918. S. 465—480; Reine Infinitesimalgeometrie. Math. Zeitschr. Bd. 2, S. 384—411, 1918.

Parallelismus und Krümmung in einer beliebigen Mannigfaltigkeit. 71

unendlich benachbart sind. Das erklärt sich aus unserem analytischen Ansatz, bei dem wir unendlich kleine Größen vom Typus $d\delta x_i$ oder $\delta d x_i$ berücksichtigt, solche vom Typus $d^2 x_i$ oder $\delta^2 x_i$ aber vernachlässigt haben.

8. Über Mannigfaltigkeiten beliebiger Dimension. Es sei V_n eine abstrakte Mannigfaltigkeit von n Dimensionen, die dem Zahlenkontinuum $(x_1, x_2, \ldots, x_n)$ oder genauer einem Gebiet dieses Kontinuums entspricht, auf das sich die folgenden Erörterungen beziehen.

In V_n sei eine Metrik gegeben durch den Ausdruck der Entfernung ds zweier beliebiger unendlich benachbarter Punkte x_i und $x_i + d x_i$ $(i = 1, 2, \ldots, n)$ in der Gestalt

$$ds^2 = \sum_{i,k=1}^{n} a_{ik} dx_i dx_k,$$

worin die Größen a_{ik} Funktionen des Ortes in V_n (d. h. der Koordinaten x), endlich und mit ihren Ableitungen bis zur zweiten Ordnung stetig und von der Art sind, daß die quadratische Form positiv definit wird.

Bekanntermaßen kann man V_n immer als in einem euklidischen Raum genügend hoher Dimensionenzahl N (nicht größer als $\dfrac{n(n+1)}{2}$) gelegen annehmen. Das besagt, daß wir (im allgemeinen auf unendlich viele Arten) N Funktionen der x_i einführen können

$$y_\nu = y_\nu(x_1, x_2, \ldots, x_n) \qquad (\nu = 1, 2, \ldots, N),$$

so daß identisch in den unabhängigen Veränderlichen x die Gleichung

(10) $$ds^2 = \sum_{\nu=1}^{N} dy_\nu^2 = \sum_{i,k=1}^{n} a_{ik} dx_i dx_k$$

besteht.

Betrachten wir nämlich die N Größen y_ν als rechtwinklige Koordinaten in einem N-dimensionalen Raume S_N, so daß

$$ds^2 = \sum_{\nu=1}^{N} dy_\nu^2$$

ist und definieren wir in S_N eine n-dimensionale Mannigfaltigkeit durch die Parameterdarstellung

(11) $$y_\nu = y_\nu(x_1, x_2, \ldots, x_n) \qquad (\nu = 1, 2, \ldots, N)$$

so erhält man den Gleichungen (10) zufolge genau die Metrik

von V_n und kann daher die Mannigfaltigkeit (11) (oder irgend eine solche Mannigfaltigkeit, wenn es möglich ist, die N Funktionen y_ν auf verschiedene Weise zu bestimmen) als anschauliches Modell der abstrakten Mannigfaltigkeit $'V_n$ bezeichnen — soweit ein Raum von N Dimensionen anschaulich zu nennen ist. Ist $n = 2$, so wird $N = 3$, und das anschauliche Modell einer Mannigfaltigkeit V_2 mit bestimmter Metrik ist in diesem Fall eine passende Fläche im gewöhnlichen Raum; wir können daher die bisher ausgebildete Theorie des Parallelismus bei einer beliebigen V_2 beibehalten. Es ist aber auch leicht, sie auf eine Mannigfaltigkeit V_n von beliebiger Dimensionenzahl zu übertragen, indem man sich auf die Gleichungen (10) und (11) stützt, die offenbar eine Verallgemeinerung der elementaren Formeln (3) und (4) sind (es ist nur 2 durch n und 3 durch N ersetzt worden).

Wir machen noch einige allgemeine Bemerkungen. Jedes System von Differentialen dx_i, das einem System von Werten zugeordnet ist, bestimmt eine Richtung u, die von dem Punkt P ausgeht, der diesem System entspricht. Ist P_1 der Punkt $x_i + dx_i$ und ds die Länge des Linienelements P, P_1, so nennen wir, wie schon bei den V_2, die Verhältnisse

$$u^{(i)} = \frac{dx_i}{ds} \qquad (i = 1, 2, \ldots, n)$$

Richtungsparameter.

Nach (10) sind sie durch die quadratische Beziehung

(12) $$\sum_{i,k=1}^{n} a_{ik} u^{(i)} u^{(k)} = 1$$

verbunden. Jeder Richtung entspricht ein System von Richtungsparametern und umgekehrt, vorausgesetzt, daß diese der Bedingung (12) genügen.

Die Differentiale dx_i bedingen nach (11) die Differentiale

(13) $$dy_\nu = \sum_{i=1}^{n} \frac{\partial y_\nu}{\partial x_i} dx_i \qquad (\nu = 1, 2, \ldots, N)$$

der rechtwinkligen Koordinaten y_ν und damit auch eine Richtung in dem umgebenden euklidischen Raum S_N. Ihre Komponenten sind nichts anderes als die Richtungskosinus oder die Verhältnisse $\frac{dy_\nu}{ds} = \alpha_\nu$ (Richtungsparameter in S_N). Setzt man in (13) j statt i, so erhält man

Parallelismus und Krümmung in einer beliebigen Mannigfaltigkeit.

(14) $$\alpha_\nu = \sum_{j=1}^{n} \frac{\partial y_\nu}{\partial x_j} u^{(j)}.$$

Verwandeln wir in (13) d in δ und i in k, so wird

(15) $$\delta y_\nu = \sum_{k=1}^{n} \frac{\partial y_\nu}{\partial x_k} \delta x_k.$$

Nunmehr haben wir alle Hilfsmittel beisammen, um die Parallelverschiebung $P \cdot V_n$ einer Richtung u in V_n von einem Punkt P nach einem benachbarten zu definieren.

9. **Ausdehnung des Begriffs Parallelismus. — Daraus entspringende Formeln und Haupteigenschaften.** Um den Parallelismus in einer V_2, d. h. einer Fläche σ im gewöhnlichen Raum zu definieren, hatten wir an die Betrachtung der abwickelbaren Fläche angeknüpft, die σ längs einer Kurve T berührt. Für die Mannigfaltigkeiten V_n fehlt ein solcher Anknüpfungspunkt, da die ∞^1 linearen, V_n berührenden, Räume von n Dimensionen im allgemeinen (für $N > n + 1$) keine abwickelbare Mannigfaltigkeit bestimmen.

Ohne weiteres läßt sich dagegen das in (1) zusammengefaßte Differentialgesetz anwenden, nämlich die folgende geometrische Bedingung: die zu u parallele Richtung u_1 in einem benachbarten Punkte P_1 muß (bis auf unendlich kleine Größen höherer Ordnung) mit jeder Tangentialrichtung P denselben Winkel bilden wie u.

Sind $d\alpha_\nu$ die (unbekannten) Änderungen der Richtungskosinus der durch $P \cdot V_n$ zu verschiebenden Richtung und τ_ν die Richtungskosinus einer beliebigen Tangentialrichtung, so ist die Bedingung der Winkelgleichheit gleichbedeutend mit

$$\sum_{\nu=1}^{N} d\alpha_\nu \tau_\nu = 0.$$

Hierin ist τ wie in Nr. 4 irgend eine mit den Gleichungen (11) verträgliche Richtung. Setzen wir daher für τ_ν die proportionalen Größen δy_ν ein, so können wir den Parallelismus durch die symbolische Gleichung

(16) $$\sum_{\nu=1}^{N} d\alpha_\nu \delta y_\nu = 0$$

definieren, die für jede virtuelle Verschiebung δy_ν gelten muß.

Diese Formel entspricht offenbar vollständig der Formel (2), die den flächenmäßigen Parallelismus definiert: man braucht nur den Index ν statt von 1 bis 3 von 1 bis N laufen zu lassen. Dieselbe Analogie besteht zwischen den Formeln (5) und (14), (6) und (16), mit dem einzigen Unterschied, daß der Summationsindex von 1 bis n läuft, statt von 1 bis 2. Alle weiteren Rechnungen verlaufen genau wie in Nr. 6 und so erhält man zum Schluß die invarianten Gleichungen des Parallelismus, die die Änderungen $du^{(i)}$ der Richtungsparameter festlegen, wenn man durch $P \cdot V_n$ von P zu P_1 übergeht, in der Gestalt

$$(I) \qquad du^{(i)} + \sum_{j,l=1}^{n} \left\{ {jl \atop i} \right\} u^{(j)} dx_l = 0 \qquad (i = 1, 2, \ldots, n),$$

die sich von der — für Flächen gültigen — Formel (7) nur durch die Dimensionenzahl unterscheidet. Natürlich sind $\left\{ {jl \atop i} \right\}$ die CHRISTOFFELschen Symbole zweiter Art, bezogen auf das Linienelement ds^2 der Mannigfaltigkeit V_n.

Von den Gleichungen (I) kommt man wie vorher zu den Differentialgleichungen der Verschiebung $P \cdot V_n$ längs einer Kurve T und zur Äquipollenzverschiebung beliebiger (nicht Einheits-) Vektoren. Das entsprechende System von Differentialgleichungen, das die Gleichungen (7) umfaßt:

$$(I') \qquad \frac{du^{(i)}}{ds} + \sum_{j,l=1}^{n} \left\{ {jl \atop i} \right\} u^{(j)} x_l' = 0 \qquad (i = 1, 2, \ldots, n)$$

läßt sich auf eine typische Form mit schiefsymmetrischer Matrix zurückführen, die schon bei anderen kinematischen und dynamischen Untersuchungen aufgetreten ist und von EIESLAND[1]), LAURA[2]), DARBOUX[3]) und VESSIOT[4]) systematisch behandelt worden ist.

Die direkte Untersuchung des Systems (I') und des adjungierten Systems führt leicht zum analytischen Beweis der Eigenschaften des Parallelismus in V_n, die wir im Falle der V_2 unmittelbar aus der ursprünglichen geometrischen Definition abgeleitet hatten: Erhaltung der Winkel (wenn mehrere Richtungen längs desselben Weges verschoben werden); Erhaltung der

---

[1]) Am. J. of M., Bd. 28, S. 17—42, 1906.
[2]) Atti della R. Acc. delle Sc. di Torino, Bd. 42, S. 1089—1108, 1906/07; Bd. 43, S. 358—378, 1907/08.
[3]) C. R., Bd. 148, S. 16—22, 673—679, 745—754, 1909.
[4]) C. R., Bd. 148, S. 332—335, 1909.

Parallelismus und Krümmung in einer beliebigen Mannigfaltigkeit.

Länge der Vektoren; Erhaltung der Richtung längs der geodätischen Linien usw. Als Beispiel bestätigen wir die letzte Eigenschaft. Die geodätischen Linien unserer V_n (d. h. diejenigen Kurven, auf denen $\delta ds = 0$ ist) werden ja definiert durch die Differentialgleichungen zweiter Ordnung

$$x_i'' + \sum_{j,l=1}^{n} \{{}_{i\ j}^{j\ l}\} x_j' x_l' = 0, \qquad (i = 1, 2, \ldots, n)$$

in denen der Bogen s die unabhängige Veränderliche darstellt. Vergleicht man sie mit den Gleichungen (I'), so zeigt sich, daß diese erfüllt sind, wenn man $u^{(i)} = x_i'$ setzt und als Verschiebungskurve T eine beliebige geodätische wählt. Das besagt, daß jede geodätische Linie sich selbst parallel bleibt, oder genauer, daß die Richtung einer Geodätischen in irgendeinem ihrer Punkte immer der Anfangsrichtung parallel ist, w. z. b. w.

10. **Der Satz von SEVERI.** Sind in der Mannigfaltigkeit V_n die benachbarten Punkte P und P_1 und die Richtung u gegeben, so betrachten wir die Flächenrichtung, die durch die — als verschieden und nicht entgegengesetzt anzunehmenden — Richtungen PP_1 und u bestimmt wird, und die geodätische Fläche γ mit P als Pol, die in P diese Flächenrichtung hat. Man kann die Richtung u von P nach P_1 verschieben, sowohl durch Parallelismus bezüglich V_n — wir nennen das räumlichen Parallelismus — als durch flächenmäßigen Parallelismus bezüglich γ. SEVERI hat das bemerkenswerte Ergebnis gewonnen, daß man in beiden Fällen zu derselben Richtung gelangt. Man kann sich davon ohne jede Rechnung überzeugen, wenn man bedenkt, daß diese Gleichheit jedenfalls besteht, wenn die Mannigfaltigkeit V_n euklidisch und daher γ die durch die Richtungen PP_1 und u bestimmte Ebene ist. Eine beliebige Mannigfaltigkeit V_n denken wir uns auf ein geodätisches Koordinatensystem mit P als Pol[1]) bezogen; dann verschwinden die Größen $\{{}_{i\ j}^{j\ l}\}$ in P, so daß die Gleichungen der geodätischen Linien und des Parallelismus die

---

[1]) Darunter verstehen wir ein solches krummliniges Koordinatensystem, das sich in der Nachbarschaft von P bezüglich der Metrik von V_n so verhält wie die rechtwinkligen Koordinaten, indem die Koeffizienten a_{ik} (nicht gerade konstant, was im allgemeinen unmöglich ist, aber doch) in P stationär werden, so daß in P alle Ableitungen $\dfrac{\partial a_{ik}}{\partial x_l}$ und daher die CHRISTOFFELschen Symbole erster und zweiter Art verschwinden.

elementare Gestalt annehmen, die sie in einer euklidischen Mannigfaltigkeit haben. Da nun die räumlichen und die bezüglich der geodätischen Fläche γ zu u parallele Richtung in P nur durch die Gleichungen der geodätischen Linien und des Parallelismus mit den Werten der Symbole $\{{}^{ji}_i\}$ in P allein bestimmt werden, so fallen beide zusammen, genau wie in der euklidischen Mannigfaltigkeit V_n, was zu beweisen war.

11. Einige Formeln. Seien q_1 und q_2 unabhängige reelle Veränderliche, C ein Gebiet der q_1-q_2-Ebene, T dessen Rand, $f(q_1, q_2)$ eine in C (einschließlich des Randes T) mit den ersten Ableitungen endliche und stetige Funktion. Bekanntlich gelten die folgenden Transformationsformeln zwischen doppelten und einfachen Integralen:

$$(17) \quad \begin{aligned} \iint_C \frac{\partial f}{\partial q_1} dq_1 dq_2 &= \int_T f dq_2, \\ \iint_C \frac{\partial f}{\partial q_2} dq_1 dq_2 &= -\int_T f dq_1, \end{aligned}$$

wobei die Begrenzungskurve im richtigen Sinne zu durchlaufen ist. Gewöhnlich deutet man q_1 und q_2 als rechtwinklige Koordinaten in einer Ebene, und die Umlaufsrichtung wird so festgesetzt, daß sie mit der inneren Normalen n ein Strahlenpaar bildet, das dem Paar kongruent ist, das die positive q_1- und q_2-Achse bilden. Man kann die Benutzung der Achsen vermeiden, indem man an ihrer Stelle die Geraden $q_1 = $ const. und $q_2 = $ const. durch den betrachteten Punkt nimmt, auf denen die Richtung wachsender Parameter q_1 bzw. q_2 ausgezeichnet wird. Diese Festsetzung hat vor der ersten den Vorteil, daß sie es auch erlaubt, q_1 und q_2 als beliebige krummlinige Koordinaten aufzufassen, nicht nur in der Ebene, sondern auch auf einer beliebigen Fläche oder Mannigfaltigkeit V_2, der man irgendeine Metrik zuweist, wobei natürlich die Gleichungen (17) ihre Gültigkeit behalten.

Eine zweite Bemerkung wird uns nützlich sein, wenn wir das Flächenelement einer zweidimensionalen Fläche betrachten, die wir in eine n-dimensionalen Mannigfaltigkeit V_n eingebettet denken, die in gewöhnlicher Weise durch ihre Metrik

$$ds^2 = \sum_{i,k=1}^n a_{ik} dx_i dx_k$$

gegeben ist.

Es handle sich also um eine Fläche (oder ein Flächenstück) σ in V_n, das durch eine Parameterdarstellung
(18) $$x_i = x_i(q_1, q_2)$$
definiert sei.

Lassen wir von einem Punkt P von σ (d. h. einem Wertepaar q_1, q_2) aus nur q_1 variieren, indem wir dieser Größe eine Änderung dq_1 erteilen, so daß der Punkt sich auf der Kurve $q_2 = $ const. bewegt, so erleiden die x_i die Änderungen

$$dx_i = \frac{\partial x_i}{\partial q_1} dq_1.$$

Ändert sich nur q_2, bewegt sich also P auf der Kurve $q_1 = $ const., so sind die Änderungen der x_i

$$\delta x_i = \frac{\partial x_i}{\partial q_2} \delta q_2.$$

Die Längen ds und δs der Verschiebungen sind

$$ds = \varrho_1 dq_1, \quad \delta s = \varrho_2 \delta q_2,$$

worin

(19) $$\varrho_1^2 = \sum_{i,k=1}^n a_{ik} \frac{\partial x_i}{\partial q_1} \frac{\partial x_k}{\partial q_1}, \quad \varrho_2^2 = \sum_{i,k=1}^n a_{ik} \frac{\partial x_i}{\partial q_2} \frac{\partial x_k}{\partial q_2}$$

gesetzt ist, und ϱ_1 und ϱ_2 dieselben Vorzeichen haben sollen wie dq_1 bzw. δq_2.

Die Richtungsparameter sind

$$\xi^{(i)} = \frac{dx_i}{ds}, \quad \eta^{(i)} = \frac{\delta x_i}{\delta s}.$$

Setzen wir für dx_i und δx_i, ds und δs die obigen Werte ein, so erhalten wir

(20) $$\xi^{(i)} = \frac{1}{\varrho_1} \frac{\partial x_i}{\partial q_1}, \quad \eta^{(i)} = \frac{1}{\varrho_2} \frac{\partial x_i}{\partial q_2}.$$

In der Metrik von V_n bilden die Richtungen mit den Parametern $\xi^{(i)}$ und $\eta^{(i)}$ oder, wie wir kürzer sagen wollen, die Richtungen ξ und η einen Winkel ϑ, der durch

$$\cos \vartheta = \sum_{i,k=1}^n a_{ik} \xi^{(i)} \eta^{(k)}$$

bestimmt ist.

Auch in der Metrik, die der Fläche σ durch die Metrik von V_n aufgeprägt wird, gilt dieselbe Bestimmung des Winkels der beiden Richtungen, und es würde leicht sein, den obigen Ausdruck von cos ϑ so zu transformieren, daß darin nur noch Größen auftreten, die der Metrik der Fläche σ angehören. Doch wir verzichten darauf und wollen nur noch den unendlich kleinen Flächeninhalt $\varDelta \sigma$ des Vierecks bestimmen, das auf der Fläche von zwei Koordinatenlinien $q_1 =$ const., $q_2 =$ const. und zwei unendlich benachbarten begrenzt wird. Ein solches Viereck ist näherungsweise gleich einem unendlich kleinen Parallelogramm, dessen Seiten die Längen ds und δs haben und den Winkel ϑ einschließen. Der Inhalt ist daher $ds\, \delta s \cos \delta$ oder

(21) $$\varDelta \sigma = \varrho_1 \varrho_2 \sin \vartheta \, dq_1 \delta q_2.$$

12. Verschiebung einer Richtung längs eines geschlossenen Weges. — Fall eines unendlich kleinen Weges. — Winkeldifferenz. — Die Formel von PÉRÈS. Mit vektoriellen Methoden hat SCHOUTEN[1]) und unabhängig von ihm und in gewöhnlicher Rechnung hat PERES[2]) gezeigt, wie wichtig für die Kenntnis der geometrischen Eigenschaften einer V_n die Verschiebung einer Richtung längs eines geschlossenen Weges, wie wichtig besonders für das Studium der örtlichen Eigenschaften die Betrachtung der unendlich kleinen geschlossenen Wege ist. Ich schließe mich an die Behandlung von PERES an und weiche nur in rechnerischen Einzelheiten davon ab.

Eine Richtung u (mit den Parametern $u^{(i)}$ $(i = 1, 2, \ldots, n)$) werde längs eines beliebigen von P ausgehenden und dorthin zurückkehrenden Weges T verschoben. Bezeichnen wir mit $dx_k (k = 1, 2, \ldots, n)$ die einem allgemeinen Element dT des Weges entsprechenden Koordinatendifferentiale, so erfahren die Parameter $u^{(i)}$ bei der Verschiebung $P \cdot V_n$ längs dT laut (I) (mit geänderter Bezeichnung der Summationsindizes) die Änderungen

$$du^{(r)} = - \sum_{i,k=1}^{n} \left\{ {ik \atop r} \right\} u^{(i)} dx_k \quad (r = 1, 2, \ldots, n).$$

Die Gesamtänderungen $\varDelta u^{(r)}$ auf dem Wege T, d. h. die Differenzen $u^{(r)} - u_P^{(r)}$ zwischen den Endwerten $u^{(r)}$ und den An-

---

[1]) Die direkte Analysis zur neueren Relativitätstheorie, Verhandelingen der Kon. Ak. van Wet. te Amsterdam 1919, Deel 12, Nr. 6, insbes. S. 61—71.
[2]) Le parallélisme de M. LEVI-CIVITA et la courbure Riemannienne. Rend. della R. Acc. dei Lincei, 27 (1. sem. 1919), S. 425—428.

Parallelismus und Krümmung in einer beliebigen Mannigfaltigkeit.

fangswerten $u_P^{(r)}$ sind daher

(22) $$\Delta u^{(r)} = -\int_T \sum_{i,k=1}^{n} \{{}_{\;r}^{ik}\} u^{(i)} dx_k \quad (r=1, 2, \ldots, n).$$

Wir transformieren die rechten Seiten, indem wir durch T ein (beliebiges) Flächenstück σ gelegt denken, dessen vollständiger Rand die geschlossene Kurve T ist. Die Parameterdarstellung von σ werde durch die Formel (18) gegeben, worin C der Variabilitätsbereich der Parameter q_1, q_2 ist. Auf σ (und daher auch auf dem Rande T) ist den Formeln (18) zufolge

(18') $$dx_k = \frac{\partial x_k}{\partial q_1} dq_1 + \frac{\partial x_k}{\partial q_2} dq_2.$$

Setzen wir zur Abkürzung

$$Q_1^{(r)} = -\sum_{i,k=1}^{n} \{{}_{\;r}^{ik}\} u^{(i)} \frac{\partial x_k}{\partial q_1}, \quad Q_2^{(r)} = -\sum_{i,k=1}^{n} \{{}_{\;r}^{ik}\} u^{(i)} \frac{\partial x_k}{\partial q_2},$$

so erhalten wir

(22') $$\Delta u^{(r)} = \int_T (Q_1^{(r)} dq_1 + Q_2^{(r)} dq_2).$$

Es ist zu bemerken, daß die Größen $u^{(r)}$ in P durch die Anfangswerte $u_P^{(r)}$ und in jedem Punkt von T durch Parallelverschiebung festgelegt sind; im Inneren des von T begrenzten Gebietes C müssen wir vorsichtig sein. Im allgemeinen, wenn die Gleichungen des Parallelismus nicht unbeschränkt integrabel sind, hängen die (durch Parallelverschiebung mit den Ausgangswerten $u_P^{(r)}$ definierten) Werte von $u^{(r)}$ in einem Punkt Q innerhalb C von Q und dem P mit Q verbindenden Wege ab. Ist aber das Gebiet C unendlich klein, und vernachlässigen wir unendlich kleine Größen zweiter Ordnung (verglichen mit der größten Ausdehnung von C), so verhält es sich so, wie wenn es sich um vollständige Differentiale handelte.

Dann können nämlich die Differenzen der Koordinaten q_1, q_2 von P und denen des beliebigen Punktes Q als unendlich kleine Größen dq_1, dq_2 behandelt werden. Nach (18') gilt dasselbe von den Differenzen dx_i der Koordinaten der beiden Punkte in der Mannigfaltigkeit V_n. Man hat dann für die $u^{(r)}$ in Q die Werte $u^{(r)}$, die durch die infinitesimale Verschiebung $P \cdot V_n$ hervorgehen, nämlich $u^{(r)} + du^{(r)}$, worin in $du^{(r)}$ den Größen $Q_1^{(r)}$, $Q_2^{(r)}$ und den CHRISTOFFELschen Symbolen ihre Werte im Punkt P beizulegen sind.

Mit dieser Annäherung können wir die Größen $u^{(j)}$ als eindeutige (und gewissermaßen in dq_1 und dq_2 lineare) endliche und mit ihren ersten Ableitungen nach q_1 und q_2 stetige Funktionen des Punktes Q ansehen. Im Falle eines unendlich kleinen Gebietes C dürfen wir daher auch die im Integral (22) auftretenden Größen $Q_1^{(r)}$, $Q_2^{(r)}$ als (endliche und mit ihren ersten Ableitungen stetige) Funktionen des Ortes auffassen. Infolgedessen sind die Formeln (17) anwendbar, und wir können in (22') das Randintegral durch ein Flächenintegral über C ersetzen. Es wird

$$(22'') \qquad \Delta u^{(r)} = \iint_C dq_1\, dq_2 \left(\frac{\partial Q_2^{(r)}}{\partial q_1} - \frac{\partial Q_1^{(r)}}{\partial q_2} \right).$$

Bei der Berechnung der Ableitungen der Größen Q nach q_1 und q_2 muß man darauf achten, daß die CHRISTOFFELschen Symbole von den x und damit mittels der Formeln (18) von den q abhängen, während die Ableitungen der $u^{(j)}$ durch die Gleichungen des Parallelismus (I), bezogen auf den Punkt P, gegeben werden. In diesem Sinne schreiben wir die Gleichungen (I) von neuem in folgender Form auf

$$du^{(i)} = -\sum_{l,h=1}^{n} \left\{ {l h \atop i} \right\} u^{(l)} dx_h.$$

Ändert sich nur q_1, so ergibt sich

$$\frac{\partial u^{(i)}}{\partial q_1} = -\sum_{l,h=1}^{n} \left\{ {l h \atop i} \right\} u^{(l)} \frac{\partial x_h}{\partial q_1}.$$

Eine entsprechende Formel erhalten wir, wenn wir nur q_2 ändern. Setzen wir diese Werte ein und beziehen wir alle Größen (nach Ausführung der Differentiationen) auf den Punkt P, so finden wir

$$\frac{\partial Q_2^{(r)}}{\partial q_1} = -\sum_{i,k=1}^{n} \frac{\partial \left\{ {i k \atop r} \right\}}{\partial q_1} u^{(i)} \frac{\partial x_k}{\partial q_2} - \sum_{i,k=1}^{n} \left\{ {i k \atop r} \right\} \frac{\partial u^{(i)}}{\partial q_1} \frac{\partial x_k}{\partial q_2} - \sum_{i,k=1}^{n} \left\{ {i k \atop r} \right\} u^{(i)} \frac{\partial^2 x_k}{\partial q_1 \partial q_2}$$

$$= -\sum_{i,h,k=1}^{n} \frac{\partial \left\{ {i k \atop r} \right\}}{\partial x_h} \frac{\partial x_h}{\partial q_1} u^{(i)} \frac{\partial x_k}{\partial q_2} + \sum_{i,h,k,l=1}^{n} \left\{ {i k \atop r} \right\} \left\{ {l h \atop i} \right\} u^{(l)} \frac{\partial x_h}{\partial q_1} \frac{\partial x_k}{\partial q_2}$$

$$- \sum_{i,k=1}^{n} \left\{ {i k \atop r} \right\} u^{(i)} \frac{\partial^2 x_k}{\partial q_1 \partial q_2},$$

oder, indem wir in der zweiten Summe i mit l vertauschen und den Faktor $u^{(i)} \dfrac{\partial x_h}{\partial q_1} \dfrac{\partial x_k}{\partial q_2}$ herausziehen,

Parallelismus und Krümmung in einer beliebigen Mannigfaltigkeit. 81

$$\frac{\partial Q_2^{(r)}}{\partial q_1} = -\sum_{i,h,k=1}^n u^{(i)} \frac{\partial x_h}{\partial q_1} \frac{\partial x_k}{\partial q_2} \left[\frac{\partial \{{ih \atop r}\}}{\partial x_h} - \sum_{l=1}^n \{{ih \atop l}\} \{{lk \atop r}\} \right] - \sum_{i,k=1}^n \{{ik \atop r}\} u^{(i)} \frac{\partial^2 x_k}{\partial q_1 \partial q_2}$$

Um den Ausdruck für $\dfrac{\partial Q_1^{(r)}}{\partial q_2}$ zu erhalten, brauchen wir nur auf der rechten Seite q_1 und q_2 zu vertauschen. Vertauschen wir noch in der ersten Summe die Indizes h und k, wodurch nur die Bezeichnung geändert wird, so heben sich in der Differenz

$$\frac{\partial Q_2^{(r)}}{\partial q_1} - \frac{\partial Q_1^{(r)}}{\partial q_2}$$

die letzten Summen weg, und in der ersten können wir den gemeinsamen Faktor $u^{(i)} \dfrac{\partial x_h}{\partial q_1} \dfrac{\partial x_k}{\partial q_2}$ herausziehen. Erinnern wir uns an die Definition der RIEMANNschen Symbole zweiter Art:

$$\{ir, hk\} = \frac{\partial \{{ih \atop r}\}}{\partial x_k} - \frac{\partial \{{ik \atop r}\}}{\partial x_h} + \sum_{l=1}^n \left[\{{ih \atop l}\} \{{lk \atop r}\} - \{{ik \atop l}\} \{{lh \atop r}\} \right],$$

so erhalten wir

$$\frac{\partial Q_2^{(r)}}{\partial q_1} - \frac{\partial Q_1^{(r)}}{\partial q_2} = \sum_{i,h,k=1}^n \{ir, hk\} u^{(i)} \frac{\partial x_h}{\partial q_1} \frac{\partial x_k}{\partial q_2}.$$

Wir benutzen von neuem die Voraussetzung, daß sich unsere Rechnung auf ein unendlich kleines Gebiet C bezieht und erstrecken demgemäß das Integral auf der rechten Seite von (22'') nur über ein Flächenelement in P. Nun haben wir aber schon einen Ausdruck für die Funktion $\dfrac{\partial Q_2^{(r)}}{\partial q_1} - \dfrac{\partial Q_1^{(r)}}{\partial q_2}$ unter dem Integral und erhalten damit — bis auf unendlich kleine Größen höherer Ordnung in bezug auf das Element $dq_1 dq_2$ —

(23) $\quad \Delta u^{(r)} = dq_1 dq_2 \displaystyle\sum_{i,h,k=1}^n \{ir, hk\} u^{(i)} \frac{\partial x_h}{\partial q_1} \frac{\partial x_k}{\partial q_2}.$

In die Summen führen wir die RIEMANNschen Symbole erster Art $a_{ij,hk}$ ein, die mit denen zweiter Art durch die Beziehung

$$\{ir, hk\} = \sum_{j=1}^n a^{(rj)} a_{ij, hk}$$

verknüpft sind. Mit ihnen erhalten wir aus (23) mit Rücksicht auf (20) und (21)

(23') $\quad \Delta u^{(r)} = \dfrac{\Delta \sigma}{\sin \vartheta} \displaystyle\sum_{i,j,h,k=1}^n a^{(rj)} a_{ij, hk} u^{(i)} \xi^{(h)} \eta^{(k)}.$

Das ist also die Änderung der Richtungsparameter $u^{(r)}$ einer beliebigen Richtung $\mathfrak{u}$ bei der Parallelverschiebung $P \cdot V_n$ längs eines von P ausgehenden und dorthin zurückkehrenden unendlich kleinen Weges. In (23') äußert sich der Einfluß des Weges durch drei geometrische Angaben, die den Weg im wesentlichen bestimmten: zwei beliebige Richtungen ξ, η, die die Stellung des Flächenelements bestimmen, in dem der Weg T liegt, der Winkel ϑ, den sie einschließen, und der von dem Weg umspannte Flächeninhalt $\varDelta\sigma$, gemessen in der Metrik der V_n.

Aus (23) folgt unmittelbar die Grundformel über den Zusamhang von Parallelismus und Krümmung. Wir nehmen eine beliebige Richtung $\mathfrak{v}$ in P mit den Parametern $v^{(l)}$ an und betrachten den Winkel α zwischen $\mathfrak{u}$ und $\mathfrak{v}$ und die Änderung, die sein Kosinus erfährt, wenn wir $\mathfrak{u}$ längs T parallel verschieben.

Setzen wir der Kürze halber
$$v_r = \sum_{l=1}^{n} a_{rl} v^{(l)}$$
(hier sind v_r die sogenannten Momente der Richtung $\mathfrak{v}$), so gibt die Formel der letzten Nummer
$$\cos \alpha = \sum_{r=1}^{n} u^{(r)} v_r.$$

Setzen wir hier die beliebigen Anfangswerte und die Endwerte von $u^{(r)}$ ein und subtrahieren wir, so wird
$$\varDelta \cos \alpha = \sum_{r=1}^{n} \varDelta u^{(r)} v_r.$$

Hier führen wir die Ausdrücke (23') ein, bemerken, daß $\sum_{r=1}^{n} a^{(rj)} v_r$ gleich $v^{(j)}$ ist, und erhalten schließlich die Formel von PERES

(24) $$\frac{\varDelta \cos \alpha}{\varDelta \sigma} = \frac{1}{\sin \vartheta} \sum_{i,j,h,k} a_{ij,hk} u^{(i)} v^{(j)},$$

in der ϑ der Winkel zwischen ξ und η ist.

13. Beziehungen zwischen Parallelismus und Krümmung. Aus der Definition der RIEMANNschen Symbole folgt unmittelbar
$$\{ir, hk\} = -\{ir, kh\}$$
und daher
$$a_{ij,hk} = -a_{ij,kh}.$$

Aus der Formel von PÉRÈS können wir ohne Rechnung die Beziehungen
$$a_{ij,hk} + a_{ih,kj} + a_{ik,jh} = 0$$
gewinnen, die mit dem vorher angegebenen die algebraischen Eigenschaften der RIEMANNschen Symbole im wesentlichen erschöpfen, da aus ihnen die weiteren Identitäten
$$a_{ij,hk} = a_{hk,ij} = -a_{ji,hk}{}^1)$$
folgen.

Ich will dabei nicht verweilen, sondern nur darauf hinweisen, daß die rechte Seite von (24) und daher auch $\Delta \cos \alpha$ das Vorzeichen wechselt, wenn man $\mathfrak{u}$ und $\mathfrak{v}$ vertauscht, was nicht unmittelbar anschaulich ist. Nebenbei ergibt sich $\Delta \cos \alpha = 0$, wenn $\mathfrak{u}$ und $\mathfrak{v}$ zusammenfallen; dies ist klar, da $\Delta \alpha$ unendlich klein, $\Delta \cos \alpha = - \sin \alpha \Delta \alpha$ und der Anfangswert von α in diesem Fall Null ist.

Wir wollen nunmehr die grundlegende Wichtigkeit der Formel (24) für die Krümmung unserer V_n klarmachen und beginnen mit dem elementaren Fall der Fläche ($n = 2$). In diesem Fall sind die RIEMANNschen Symbole bekanntlich gleich Null oder gleich $\pm a_{12\,12}$. Ebenso weiß man, daß die GAUSSsche Krümmung K der Mannigfaltigkeit V_2 den Wert
$$K = \frac{a_{12,12}}{a}$$
hat, worin a die Diskriminante der quadratischen Form ds^2 ist:
$$a = \begin{vmatrix} a_{11} & a_{12} \\ a_{21} & a_{22} \end{vmatrix}.$$

Lassen wir nun in (24) die Richtungen ξ und η mit $\mathfrak{u}$ und $\mathfrak{v}$ zusammenfallen, so daß $\vartheta = \alpha$ ist, so wird
$$\frac{\Delta \cos \alpha}{\Delta \sigma} = \frac{a_{12,12}}{\sin \alpha} \begin{vmatrix} u^{(1)} & u^{(2)} \\ v^{(1)} & v^{(2)} \end{vmatrix}^2.$$

Nun ist aber das Produkt der beiden Determinanten
$$\begin{vmatrix} a_{11} & a_{12} \\ a_{21} & a_{22} \end{vmatrix} \quad \text{und} \quad \begin{vmatrix} u^{(1)} & u^{(2)} \\ v^{(1)} & v^{(2)} \end{vmatrix},$$
nach Zeilen ausmultipliziert, gleich
$$\begin{vmatrix} u_1 & u_2 \\ v_1 & v_2 \end{vmatrix},$$

---

[1]) Vgl. RICCI: Sulla determinazione di varietà dotate di proprietà intrinseche date a priori. Nota seconda. Rend. della Acc. dei R. Lincei 19 (2. sem. 1910), S. 86.

worin $$u_i = \sum_{k=1}^{2} a_{ik} u^{(k)}, \qquad v_i = \sum_{k=1}^{2} a_{ik} v^{(k)}$$

die Momente der Richtungen $\mathfrak{u}$ und $\mathfrak{v}$ sind. Multiplizieren wir diese neuen Determinanten noch mit

$$\begin{vmatrix} u^{(1)} & u^{(2)} \\ v^{(1)} & v^{(2)} \end{vmatrix}$$

wieder nach Zeilen, und benutzen wir die Identitäten

$$\sum_{i=1}^{2} u_i u^{(i)} = 1, \qquad \sum_{i=1}^{2} u_i v^{(i)} = 1,$$

$$\sum_{i=1}^{2} u_i v^{(i)} = \sum_{i=1}^{2} u^{(i)} v_i = \cos \alpha,$$

so erhalten wir

$$a \begin{vmatrix} u^{(1)} & u^{(2)} \\ v^{(1)} & v^{(2)} \end{vmatrix}^2 = \begin{vmatrix} 1 & \cos\alpha \\ \cos\alpha & 1 \end{vmatrix} = 1 - \cos^2 \alpha = \sin^2 \alpha,$$

so daß wegen der Beziehung $\varDelta \cos \alpha = -\sin \alpha \varDelta \alpha$ schließlich

(25) $$-\frac{\varDelta \alpha}{\varDelta \sigma} = \frac{a_{12\,12}}{a} = K$$

herauskommt. Hiernach können wir die GAUSSsche Krümmung K einer Fläche folgendermaßen deuten: verschieben wir eine Richtung $\mathfrak{u}$ von einem Punkt P aus parallel längs eines unendlich kleinen geschlossenen Weges und ist $\varDelta \alpha$ der Winkel zwischen der Ausgangs- und Endrichtung und $\varDelta \sigma$ die umfahrene Fläche, so ist die Krümmung in P gleich $-\dfrac{\varDelta \alpha}{\varDelta \sigma}$.

Diese Deutung ist im wesentlichen bekannt. Nehmen wir nämlich als Weg ein (unendlich kleines) geodätisches Dreieck, so kommen wir auf einen berühmten Satz von GAUSS über geodätische Dreiecke und die Gesamtkrümmung, und zwar im Grenzfall eines unendlich kleinen Dreiecks.

Wir gehen nun zu einer beliebigen V_n über. Nehmen wir $\mathfrak{u}$ und $\mathfrak{v}$ beliebig an, und lassen wir ξ und η mit $\mathfrak{u}$ bzw. $\mathfrak{v}$ zusammenfallen, so sind nach dem Satz von SEVERI bei Parallelverschiebung längs unseres Weges die Parallelen bezüglich V_n auch Parallele bezüglich der geodätischen Fläche γ, die in P das von $\mathfrak{u}$ und $\mathfrak{v}$ bestimmte Flächenelement berührt. Da nun $-\dfrac{\varDelta \alpha}{\varDelta \sigma}$ die Krümmung K von γ in P gibt, so erhalten wir nach (24)

$$(26) \quad K = -\frac{\Delta\alpha}{\Delta\sigma} = \frac{1}{\sin^2\alpha} \sum_{i,j,h,k=1}^{n} a_{ij,hk} u^{(i)} v^{(j)} u^{(h)} v^{(k)}.$$

Diese Größe K heißt nach RIEMANN die Krümmung von V_n in der Flächenrichtung $(\mathfrak{u}, \mathfrak{v})$. Andererseits läßt sich die Parallelverschiebung längs unseres Weges direkt auf die umgebende V_n beziehen, und es ergibt sich so in der Gestalt $-\frac{\Delta\alpha}{\Delta\sigma}$ eine wichtige Deutung der Krümmung K. Aus der Symmetrie der rechten Seite von (26) in $\mathfrak{u}$ und $\mathfrak{v}$ ersieht man, daß der Winkel zwischen Anfangs- und Endrichtung derselbe ist, ob man nun $\mathfrak{u}$ oder $\mathfrak{v}$ längs des Weges verschiebt.

Diese Betrachtungen zeigen, daß es zweck- und sachgemäß ist, den Quotienten $-\frac{\Delta\alpha}{\Delta\sigma}$ als Maß der Krümmung einer V_n in einem beliebigen Punkt und nach einer beliebigen Flächenrichtung zu wählen. Die gewöhnliche Definition ergibt sich daraus ohne jede Rechnung.

Wegen weiterer Entwicklungen muß ich auf die schon erwähnte Arbeit in Band 42 des Circolo matematico di Palermo oder meine „Lezioni usw." (s. Fußnote auf S. 69) verweisen.

Vierter Vortrag.
Die geometrische Optik und das allgemeine EINSTEINsche Relativitätsprinzip.

In den ersten Monaten des Jahres 1920 wurden die Ergebnisse der bei Gelegenheit der Sonnenfinsternis vom 29. Mai 1909 angestellten Beobachtungen bekannt. Diese sollten die äußerst geringfügige Krümmung messen — wir wollen sie in der Bezeichnungsweise der englischen Astronomen Ablenkung nennen — die nach der allgemeinen EINSTEINschen Relativitätstheorie von den Sternen herkommende Lichtstrahlen erleiden müssen, wenn sie nahe bei der Sonne vorbeigehen.

Die tatsächlich festgestellte Ablenkung entsprach der theoretischen Erwartung und bedeutete so eine experimentelle Bestätigung, die in gewissem Sinne noch glänzender, wenn nicht noch zwingender war als die Tatsache, daß es der Theorie schon gelungen war, das negative Ergebnis des MICHELSONschen Experimentes und die säkulare Verschiebung des Merkurperihels zu erklären. Denn in diesen beiden letzten Fällen handelte es sich doch nur darum, schon beobachtete Erscheinungen zu erklären (die man allerdings bisher vom Standpunkt der klassischen Mechanik vergeblich zu erklären versucht hatte), während die Strahlenablenkung eine neue Tatsache ist, die zuerst von der Theorie vorausgesagt und dann durch das Experiment bestätigt wurde. Vielleicht aus diesem Grunde begann das Interesse, das die denkwürdigen Entdeckungen EINSTEINS[1]) bei den Fachgenossen schon erregt hatten, alle wissenschaftlichen Kreise erst zu ergreifen, nachdem die Astronomen die Krümmung der Sternstrahlen festgestellt hatten; und es fand einen schnellen Widerhall bei einem noch breiteren Publikum.

Es kann wohl nicht überraschen, daß dieser Gegenstand mehrfach in Büchern und Zeitschriften behandelt worden ist. Einige dieser Darstellungen werden wir Gelegenheit haben, zu zitieren, von den anderen führe ich nur die ausgezeichnete Abhandlung von PALATINI an: **Lo spostamento del perielio di Mercurio e la deviazione dei raggi luminosi** (Nuovo Cimento, Juli 1917, S. 12—54), von der sich der hier zum Abdruck gelangende Vortrag dadurch unterscheidet, daß er bezweckt, nur die optische Erscheinung mit dem geringsten Aufwand von Mühe zu veranschaulichen.

I. Kurze Darstellung der klassischen geometrischen Optik.

1. **Allgemeines. — Brechungsgesetze. — FERMATsches Prinzip.**
In einem durchsichtigen homogenen Medium pflanzt sich das Licht bekanntlich geradlinig mit konstanter Geschwindigkeit fort.

---

[1]) Wir müssen aber bemerken, daß EINSTEIN die erforderliche mathematische Grundlage für seine allgemeine Relativitätstheorie in dem absoluten Differentialkalkül fand, der von G. RICCI, Prof. an der Universität Padua, in den letzten 30 Jahren geschaffen und ausgearbeitet wurde. Ein ebenso bezeichnendes Beispiel für abstrakte Spekulationen, die in einem gegebenen Moment für den Fortschritt der Naturwissenschaften wesentlich wurden, bietet vielleicht nur die Kegelschnitttheorie des APOLLONIUS, die die Entdeckung der KEPLERschen Gesetze ermöglichte.

Geometrische Optik und allgemeines EINSTEINsches Relativitätsprinzip. 87

Im Fall der Isotropie, den wir hier ausschließlich behandeln, ist die Lichtgeschwindigkeit immer nach allen Richtungen gleich und stellt so eine für das Medium charakteristische Konstante dar. Für Luft (und daher mit hinreichender Genauigkeit für den Raum innerhalb des Sonnensystems) beträgt diese Konstante rund

$$c = 3 \cdot 10^{10} \text{ cm/sec}$$

oder 300000 km in der Sekunde.

Handelt es sich andererseits um ein inhomogenes Medium, in dem der Brechungsindex n, der dann der Lichtgeschwindigkeit umgekehrt proportional ist, von Punkt zu Punkt variiert, so haben die Lichtstrahlen im allgemeinen keinen geradlinigen Gang, sondern sind nach einem Gesetze gekrümmt, das von der Art abhängt, wie n sich mit dem Orte verändert, d. h. von der Funktion $n(x, y, z)$, wenn wir, wie üblich, mit x, y, z die cartesischen Koordinaten eines Punktes des Mediums bezeichnen.

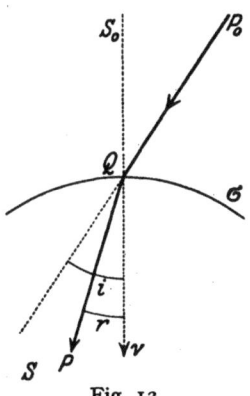

Fig. 12.

Folgende Betrachtungen führen nun dazu, den Strahlengang zu bestimmen:

Man geht aus von dem elementaren Fall eines unbegrenzten Mediums, das aus zwei Teilen S_0, S besteht, von denen jeder für sich homogen ist, die aber verschiedene Brechungsindizes n_0, n besitzen. Sei σ die Trennungsfläche zwischen S_0 und S. Im Innern von S_0 wie im Innern von S hat jeder Strahl einen geradlinigen Gang. Wenn daher das Licht von einem Punkte P_0 des Raumes S_0 zu einem Punkt P von S gelangt ist, so hat es einen Weg beschrieben, der aus zwei geradlinigen Strecken besteht: aus P_0, Q, von P bis zu einem gewissen (von vornherein unbekannten) Punkt Q von σ, und aus QP. Die experimentellen Gesetze über die Brechung an einer Trennungsfläche σ besagen: Die beiden Strecken $P_0 Q$ und QP liegen im allgemeinen nicht auf einer Geraden, aber in ein und derselben Ebene mit der in Q auf σ errichteten Normalen ν. Dabei bestimmt sich der Ort von Q aus der bekannten Gleichung (von DESCARTES):

$$\frac{\sin i}{\sin r} = \frac{n}{n_0},$$

wo i und r die Winkel bedeuten, die der einfallende und gebrochene Strahl mit der in Q auf σ errichteten Normale bilden (Strahlen und Normale im Sinne der Lichtfortpflanzung genommen).

Diese rein geometrischen Sätze sind nun im FERMATschen Prinzip von der kürzesten Ankunftszeit enthalten. Denn sucht man den Weg zwischen P_0 und P, auf dem sich das Licht in der kürzesten Zeit fortpflanzt, so ist zunächst klar, daß er in jedem der beiden Raumstücke S_0 und S (in denen die Geschwindigkeit konstant ist) geradlinig sein muß. Daher kommt es nur noch darauf an, die Lage von Q auf σ so zu bestimmen, daß die Summe
$$t = n_0 \overline{P_0 Q} + n \overline{QP}$$
der beiden Zeiten ein Minimum wird, die das Licht braucht, um die Strecke $P_0 Q$ $\left(\text{mit der Geschwindigkeit } \dfrac{1}{n_0}\right)$ und die Strecke QP $\left(\text{mit der Geschwindigkeit } \dfrac{1}{n}\right)$ zu durchlaufen. Es muß also $\delta t = 0$ sein, und eine leichte Rechnung läßt erkennen, daß in dieser Minimalbedingung gerade die DESCARTESschen Gesetze enthalten sind[1]).

2. Ein aus mehreren Schichten zusammengesetztes Medium. — Grenzfall. — Das dem FERMATschen Prinzip entsprechende Variationsprinzip. Dasselbe gilt für den allgemeineren Fall, daß das Medium aus beliebig vielen, sagen wir $m + 1$ homogenen Teilen besteht, indem zwischen S_0 und S $m - 1$ Zwischenschichten liegen, die voneinander und von den beiden Oberflächenschichten der Reihe nach durch die Flächen $\sigma_1, \sigma_2, \ldots \sigma_m$ getrennt sind. Die Brechungsindizes seien, der Reihe nach geordnet, die Konstanten $n_0, n_1, n_2, \ldots, n_{m-1}, n$.

Um von P_0 zu P zu gelangen, muß ein Strahl die verschiedenen σ in (von vornherein unbekannten) Punkten $Q_1, Q_2, \ldots, Q_m$ durchsetzen. Das FERMATsche Prinzip fordert erstens, daß dieser Strahl aus einem gebrochenen Streckenzug $P_0 Q_1, Q_1 Q_2, \ldots, Q_{m-1} Q_m, Q_m P$ besteht. Die Lagen der Punkte Q werden ferner durch die Bedingung bestimmt, daß die Gesamtdauer der Durchlaufungen ein Minimum sein soll, d. h. die Zeit:
$$t = n_0 \overline{P_0 Q_0} + n_1 \overline{Q_1 Q_2} + \cdots \\ + n_{m-1} \overline{Q_{m-1} Q_m} + n \overline{Q_m P}.$$

---

[1]) Vgl. z. B. APPELL, P.: Traité de mécanique rationelle (3. Aufl.), Bd. 1, Kap. 7, Nr. 150, S. 220—223. Paris: Gauthier-Villars 1909.

Geometrische Optik und allgemeines EINSTEINsches Relativitätsprinzip.

Auch für diesen Fall erkennt man leicht, daß für $\delta t = 0$ alle Brechungen den cartesischen Gesetzen genügen. Daher erscheint das FERMATsche Prinzip oder auch nur der Teil von ihm, der die für das Eintreten des Minimums notwendigen Differentialbedingungen zum Ausdruck bringt, d. h. die Formel

$$\delta t = 0$$

als eine geeignete Zusammenfassung der Beobachtungstatsachen.

Zu dem wichtigeren Falle eines inhomogenen Mediums, in dem sich n stetig von Punkt zu Punkt verändert, kann man offenbar durch Grenzübergang von dem eben betrachteten Fall diskreter Schichten gelangen. Es genügt für den Augenblick, sich in dem gegebenen Medium eine Anzahl von Flächen der Schar

$$n(x, y, z) = \text{const}$$

vorzustellen, die einander so benachbart sind, daß zwischen zwei aufeinander folgenden von ihnen n mit hinreichender Annäherung als konstant gelten kann. In einem fiktiven Medium, in dem n innerhalb der einzelnen Schichten streng konstant und dafür an den Trennungsflächen unstetig wäre, würde der Lichtstrahl nach dem FERMATschen Prinzip einen polygonalen Streckenzug beschreiben. Das veranlaßt uns zur Grenze unendlich vieler Schichten überzugehen, indem wir annehmen, daß unser Prinzip auch noch im Falle eines stetig veränderlichen Brechungsindex $n(x, y, z)$ zu Recht bestehen bleibt. Bezeichnen wir nun mit ds das Bogenelement eines Lichtstrahles, der sich im Medium fortpflanzt, so wird $n\,ds$ offenbar das von dem Lichtstrahl zur Durchlaufung von ds gebrauchte Zeitdifferential bedeuten und das FERMATsche Prinzip sich analytisch so ausdrücken: Die unbekannte von dem Lichtstrahl beschriebene durch zwei feste Punkte $P_0 P$ gehende Kurve muß der kürzesten Durchlaufungszeit entsprechen, d. h. das Integral $\int_{P_0 P} n\,ds$ zu einem Minimum machen. Indem wir wie oben von den besonderen Zusatzbedingungen für das Vorliegen eines wirklichen Minimums absehen und nur ausdrücken, daß die erste Variation verschwindet, können wir schließen: Die geometrische Optik eines Mediums, in dem $n(x, y, z)$ eine beliebige (stetige und hinreichend oft differenzierbare) Ortsfunktion ist, läßt sich durch das Variationsproblem zusammenfassen:

(1) $$\delta \int n\,ds = 0.$$

Aus dieser Gleichung würde man offenbar leicht (nach dem gewöhnlichen Algorithmus der Variationsrechnung) die (äquivalenten) Differentialgleichungen erhalten, die nach ihrer Integration die wirklichen Bahnkurven der Lichtstrahlen lieferten (zwischen zwei beliebigen Punkten des Mediums). Indessen ist es, besonders mit Rücksicht auf die beabsichtigten Betrachtungen, vorzuziehen, die direkte Ausrechnung zu umgehen und sich dafür einer bekannten Äquivalenz mit einem dynamischen Problem zu bedienen. Es ist die folgende:

3. **Dynamische Bahnkurven in konservativen Kraftfeldern. — Die einem gegebenen Wert für die Konstante der lebendigen Kraft entsprechende Schar. — Differentialgleichungen der Schar. — Prinzip der kleinsten Wirkung.** Wir betrachten einen materiellen Punkt (x, y, z), der sich unter dem Einfluß einer konservativen Kraft bewegt. Sei

$$U(x, y, z)$$

das Potential dieser Kraft, bezogen auf die Einheit der Masse im Aufpunkt. Unter der Voraussetzung, daß die Bezugsachsen fest sind (in dem Sinne, den man gewöhnlich in der Mechanik diesem Ausdrucke beilegt), kann man die Bewegung des Punktes durch die (vektorielle) Grundgleichung der Mechanik charakterisieren: Beschleunigung = Kraft auf die Einheit der Masse, oder in Koordinaten geschrieben:

(2) $$\ddot{x} = \frac{\partial U}{\partial x}, \qquad \ddot{y} = \frac{\partial U}{\partial y}, \qquad \ddot{z} = \frac{\partial U}{\partial z},$$

wo die Punkte über den Buchstaben die Ableitungen nach der Zeit t andeuten.

Die Gleichungen (2) besitzen bekanntlich das Integral (der lebendigen Kräfte):

(3) $$\tfrac{1}{2} v^2 - U = E,$$

wo $v^2 = \dot{x}^2 + \dot{y}^2 + \dot{z}^2$ offenbar das Geschwindigkeitsquadrat des beweglichen Massenpunktes darstellt und die Konstante E die Gesamtenergie der Bewegung und Lage (kinetische und potentielle Energie), die ihm pro Masseneinheit zukommt.

Den Gleichungen (2) äquivalent sind die sogenannten natürlichen Gleichungen (equazioni intrinseche), die aus der eben erwähnten Vektorgleichung durch Projektion auf die Tangente der Kurve, die Hauptnormale N und die Binormale B hervorgehen.

Geometrische Optik und allgemeines EINSTEINsches Relativitätsprinzip.

Die erste dieser Gleichungen kann man sich durch die Integralbeziehung (3) ersetzt denken, die beiden andern, die zum Ausdruck bringen, daß die Beschleunigungskomponenten nach N (genommen nach der konkaven Seite der Bahnkurve) und nach B die Werte $\frac{v^2}{\varrho}$ (ϱ Krümmungsradius der Bahn) bzw. 0 besitzen, lassen sich schreiben:

$$(4) \qquad \frac{v^2}{\varrho} = \frac{dU}{dN}, \qquad 0 = \frac{dU}{dB},$$

wo, wie man sieht, die rechten Seiten Ableitungen nach den Richtungen sind: nämlich des Potentials U nach den (von vornherein unbekannten Richtungen) N und B.

Auf Grund der Gleichung (3) läßt sich v^2 (ursprünglich eingeführt als Geschwindigkeitsquadrat des beweglichen Punktes) als bekannte Ortsfunktion ansehen. Andererseits kann man auf den rechten Seiten der Gleichungen (4) U durch $U + E$ oder $\frac{1}{2} v^2$ ersetzen. Bei der der Größe v eben beigelegten Bedeutung behalten wir ein rein geometrisches Problem, in dem die Zeit keine Rolle spielt. Mit andern Worten: Die Gleichungen, die man durch Elimination von t aus den Bewegungsgleichungen erhält, oder die Differentialgleichungen, die alle möglichen Bahnen in einem von einem gegebenen Potential $U(x, y, z)$ abgeleiteten Kraftfeld darstellen, besitzen die Form

$$(4') \qquad \frac{1}{2} \frac{dv^2}{dN} = \frac{v^2}{\varrho}, \qquad \frac{1}{2} \frac{dv^2}{dB} = 0,$$

wo v^2 mit U durch die Gleichung (3) zusammenhängt und E eine willkürliche Konstante ist.

Nehmen wir nun im besonderen für E einen bestimmten Wert an, so daß auch v^2 eine eindeutige Ortsfunktion wird. Die Gleichungen (4') definieren alsdann nicht mehr alle Bahnkurven, sondern nur eine Schar (fascio) von ihnen, indem wir als Schar nur einen solchen Inbegriff von Bahnkurven bezeichnen, die ein und demselben Wert der Konstanten E entsprechen. Die Gleichungen (4') selbst ergeben sich endlich als zwei Differentialgleichungen 2. Ordnung zwischen x, y, z; daher werden durch ihre Integration vier willkürliche Konstanten eingeführt, und eine Schar besteht also aus ∞^4 Bahnkurven. Die Gesamtheit aller Bahnkurven, die aus dem Inbegriff aller Scharen besteht, hängt wiederum von fünf Konstanten ab: von den vier der willkürlichen Schar und von E (von fünf Konstanten, die wesentlich sind, d. h. nicht auf weniger als fünf zurückführbar, wobei nur der Fall eines konstanten U d. h. eines verschwindenden Kraftfeldes ausgeschlossen ist).

Für unseren Zweck, d. h. um die direkte Behandlung des allgemeinen Problems der geometrischen Optik zu umgehen, indem wir die Untersuchung der Lichtstrahlen auf die einer Schar von Bahnkurven eines geeigneten dynamischen Problems zurückführen, müssen wir nun außerdem auf das Prinzip der kleinsten Wirkung zurückgreifen.

Dieses Prinzip läßt sich analytisch in eine (von t freie) Variationsgleichung kleiden, die für einen gegebenen Wert der Konstanten E die Gleichungen der entsprechenden Schar von Bahnen zusammenfaßt. Sie drückt aus, daß die Variation der Wirkung, genommen für einen Bogen zwischen irgend zwei Punkten, verschwindet, wo die Wirkung durch das über den betreffenden Kurvenbogen zu erstreckende Integral
$$\int \sqrt{2(U+E)}\,ds$$
definiert ist[1]).

Wir vereinfachen die Bezeichnungsweise, indem wir hier wieder v^2 für seinen expliziten Ausdruck $2(U+E)$ setzen und gelangen so schließlich zu der den Gleichungen (4') äquivalenten Variationsformel

(5) $\qquad\qquad \delta\int v\,ds = 0.$

4. Identität von Lichtstrahlen und Scharen dynamischer Bahnkurven. — Unterordnung jener unter diese. Die Gleichung (5) (wo wir v als gegebene Funktion der Koordinaten x, y, z betrachten, wie es das tatsächlich auf Grund der Gleichungen (3) ist) unterscheidet sich von der Gleichung (1) nur dadurch, daß n durch v ersetzt ist. Es genügt darum, v durch n in den Gleichungen (4') zu ersetzen, um in der expliziten Form

(4'') $\qquad \dfrac{1}{2}\dfrac{dn^2}{dN} = \dfrac{n^2}{\varrho}, \qquad \dfrac{1}{2}\dfrac{dn^2}{dB} = 0,$

die Differentialgleichungen der Lichtstrahlen in einem Medium vom Brechungsindex n zu erhalten.

Dieser Äquivalenzbeziehung kann man eine andere Form geben, die zwar bequemer ist, aber nicht als endgültig angesehen

---

[1]) APPELL, P: l. c., Cap. XV, Nr. 220, S. 543—544.

werden kann; denn im Gegensatz zu den Gleichungen (4') und (4'') enthält sie die Hilfsvariable t. Wir können nämlich folgenden Satz aussprechen:

Die Lichtstrahlen in einem Medium von veränderlichem Brechungsindex $n(x, y, z)$ stellen ebenso viel Bahnkurven eines materiellen Punktes dar, der sich in einem von dem Potential $\frac{1}{2} n^2$ abzuleitenden Kraftfeld bewegt. Während aber für das allgemeine dynamische Problem das Integral der lebendigen Kraft:

$$\tfrac{1}{2} v^2 - \tfrac{1}{2} n^2 = \text{const}$$

besteht, so kommt für unseren Fall nur die Schar von Bahnkurven in Betracht, für die die Konstante der rechten Seite 0, also $v = n$ ist.

Der Beweis ergibt sich ohne weiteres daraus, daß für $v = n$ (4') in (4'') übergeht.

Die soeben ausgesprochene Regel gestattet in einfacher Weise optische Deutungen von Ergebnissen, die in ihrem mechanischen Gewande wohlbekannt sind. Betrachten wir z. B. geradezu den typischen Fall — der unter geeigneten Bedingungen zu dem sogenannten MONGEschen Spiegel[1]) Anlaß gibt — eines Mediums, in dem der Brechungsindex n sich nur mit der Höhe z ändert, und machen wir die (physikalisch besonders interessierende) Annahme, daß sich n nur langsam ändert. In diesem Falle können wir als Ausdruck für die Funktion n von z

$$n = n_0 \left(1 + \frac{z}{h}\right)$$

annehmen, wo n_0 und h Konstanten sind, und zudem die letztgenannte Größe (die auch eine Länge ist) so beschaffen ist, daß für die in Betracht kommenden Werte z der Bruch $\frac{z}{h}$ sich als Größe erster Ordnung ansehen läßt. Dann ergibt sich, unter Vernachlässigung von $\frac{z^2}{h^2}$ und, wenn man mit g die Konstante $\frac{n_0^2}{h}$ bezeichnet, die Formel

$$\frac{1}{2} n^2 = \frac{1}{2} n_0^2 \left(1 + 2 \frac{z}{h}\right) = \tfrac{1}{2} n_0^2 + g z .$$

---

[1]) Vgl. z. B. GARBASSO, A.: Il miraggio Memorie della R. Accademia delle Scienze di Torino, Bd. 57, S. 1—57, 1906.

Die Strahlen fallen also mit den Bahnkurven eines dynamischen Problems zusammen, in dem das Potential $\frac{1}{2}n^2$ eine lineare Punktion von z ist. Diese lineare Abhängigkeit des Potentials von einer einzigen Variabeln z besagt, daß die Kraft parallel der z-Achse ist, und daß ihr Wert (genauer gesagt ihr Wert auf die Einheit der Masse bezogen) g ist. Wir haben also (abgesehen von dem abweichenden numerischen Wert von g) das elementare Fallgesetz vor uns. Die Strahlen (soweit sie nicht in Gerade ausarten) werden Parabeln mit senkrechten Achsen sein, deren konkave Seite nach der Richtung der Kraft zeigt, d. h. der Richtung, in der n wächst, usw.

II. Energie und Materie als verschiedene Erscheinungsformen ein und derselben physikalischen Wesenheit.

5. Radioaktive Erscheinungen. — Innere Energie der Materie. — Proportionalität zwischen Masse und Energie und Proportionalitätsfaktor.

Die elektromagnetische Lichttheorie hat uns daran gewöhnt, die Lichtschwingungen als nur quantitativ verschieden von elektrischen Schwingungen anzusehen.

Eine noch grundsätzlichere Identifizierung von physikalischen Größen, die bis dahin als unabhängig voneinander galten, von Masse und Energie, legten plötzlich die radioaktiven Erscheinungen nahe. Schien diese Gleichsetzung anfangs noch gewagt, so fand sie bald dadurch eine starke Stütze, daß sie sich als fast unabweisbare Folgerung der neuen theoretischen Anschauungen ergab. Vor allem handelt es sich dabei um die experimentelle Feststellung, daß in den radioaktiven Körpern eine ungeheure Energiemenge aufgespeichert ist. So ist z. B. ein Gramm metallischen Radiums (im Verlaufe seiner Umwandlungen) imstande, über drei Millionen großer Kalorien zu entwickeln. Diese Energie, die sich bei dem Zerfall des Radiums entwickelt, und ebenso bei dem Zerfall anderer radioaktiver Substanzen, muß notwendig in einer früher nicht geahnten Menge im Innern jedes Atoms dieser Substanzen vorhanden gewesen sein. Da andererseits vom chemischen Standpunkt die radioaktiven Substanzen (abgesehen von ihrem hohen Atomgewicht) keine ausgezeichnete Stellung einnehmen, scheint die Induktion begründet, daß jedes Atom irgendeines Elementes eine Energiemenge von derselben

Größenordnung besitzt. Eine quantitative Schätzung dieses Betrages wurde auf einem ganz anderen Wege durch die Relativitätstheorie (schon durch die spezielle) nahegelegt. Diese führte zwangsläufig zu der Annahme, daß die Masse eines Körpers — wenn auch nur in ganz geringem Maße — nicht nur mit seiner Geschwindigkeit, sondern auch mit der ihm innewohnenden Energie variiert, und zwar, daß sie gerade um $\frac{\Delta E}{c^2}$ zunimmt, wenn man dem Körper einen Energiezuwachs ΔE erteilt.

So ist die moderne Physik neue Wege gegangen und, unabhängig von jeder besonderen theoretischen Konstruktion, darf man die Erkenntnis als sicheren Besitz festhalten, daß sich Energie und Materie notwendig gegenseitig bedingen (Energie = Masse $\times c^2$); wir können sie daher als verschiedene Erscheinungsformen ein und derselben Wesenheit ansehen, die uns als gewöhnliche Materie erscheint, wenn sie sozusagen hinreichend verdichtet ist, während sie sich in mannigfaltigeren Formen als Energie kundgibt, wenn keine Kondensationskerne vorhanden sind.

Diese Erkenntnis einer Äquivalenz ist zweifellos nicht weniger großartig als die durch den ersten Hauptsatz der Thermodynamik ausgesprochene. Sie findet ihren genauen Ausdruck in der quantitativen Angabe, daß c^2 der Proportionalitätsfaktor zwischen der Maßzahl einer Masse und der Maßzahl der entsprechenden Energie ist, und wird deshalb als Proportionalitätsprinzip oder -Postulat bezeichnet; man kann diesen Grundsatz auch das Prinzip der Identität von Materie und Energie nennen, oder das Prinzip der Materialisierung der Energie, oder endlich das Prinzip der Trägheit und der Schwere der Energie; die beiden letztgenannten Bezeichnungen rechtfertigen sich dadurch, daß unter der Annahme einer Proportionalität zwischen Energie und Masse jene selbst materialisiert erscheint und daher mit den zwei Haupteigenschaften der materiellen Körper ausgestattet, mit Trägheit und Schwere, oder, allgemeiner gesprochen, mit der Fähigkeit, von andern Körpern Gravitationswirkungen zu empfangen.

6. **Folgerungen für die Optik. — Krümmung der Lichtstrahlen in einem Kraftfeld.** Das kinematische Schema, das wir uns im § 1 ins Gedächtnis zurückriefen, reicht für die Entwicklung der geometrischen, aber nicht der physikalischen Optik aus. Bekanntlich ist die Erklärung der Interferenz, der Beugung und der

Polarisation nicht in so elementarer Weise möglich und erfordert eine etwas tiefer eindringende Analyse dieser Erscheinungen. Die Wellentheorie, die auf HUYGENS zurückgeht und endgültig durch YOUNG und FRESNEL bestätigt wurde, wurde in befriedigender Weise zuerst auf Grund eines elastischen Modelles dargestellt (in dem die Lichtschwingungen als Schwingungen starrer Körper angesehen wurden) und dann durch MAXWELL nach einem elektromagnetischen Modell. Sowohl in dieser heutzutage allgemein angenommenen Theorie als auch in der früheren elastischen Theorie werden die Lichtstrahlen mit den Stromlinien der Energie identifiziert, wobei die Strömungsgeschwindigkeit die experimentelle, für das Licht festgestellte Geschwindigkeit ist. Verbindet man mit diesem längst bekannten Umstand das in der vorigen Nummer eingeführte Proportionalitätsprinzip, so wird man notwendig zu der Annahme geführt, daß längs jedes Lichtstrahles Materie wandert: in einer so geringfügigen Menge allerdings (wegen der Kleinheit des Proportionalitätsfaktors; ein Erg entspricht nur dem Bruchteil $\frac{1}{c^2}$, d. i. etwa $\frac{1}{9 \cdot 10^{20}}$ eines Grammes), daß sie in den meisten Fällen zu vernachlässigen ist, immerhin aber Materie.

Diese neueste Materialisierung der Energie läßt den Begriff der Wellenfortpflanzung bestehen und die darauf gegründeten Erklärungen von Einzelerscheinungen; ihre philosophische Bedeutung beruht also darauf, daß sie die Wellentheorie mit der alten Emissionstheorie vereinigt.

Wir wollen nun aber überlegen, welche besonderen Folgerungen sich aus dem Proportionalitätsprinzip herleiten, wenn man die günstigsten Bedingungen wählt, um die Anwesenheit der (äußerst verdünnten und äußerst schnell bewegten) Materie festzustellen, die die einzelnen Lichtstrahlen durchläuft.

Betrachten wir dazu ein durchsichtiges Medium, in dem sich (bei Abwesenheit jeder störenden Kraft) das Licht mit der konstanten Geschwindigkeit c fortpflanzt. Nehmen wir ferner in diesem Medium ein Kraftfeld an und sei $U(x, y, z)$ das ihm entsprechende Potential. Ein materieller freier Punkt, der sich in diesem Felde bewegt, ist allein der vom Potential U herrührenden Kraft unterworfen und beschreibt daher Bahnlinien, die im allgemeinen nicht geradlinig sind, sondern krumm. Und zwar hängt in irgendeinem

Punkt der Krümmungsradius mit dem Werte des Potentiales U und der zu diesem Orte gehörigen Geschwindigkeit des Punktes nach der ersten der Gleichungen (4) zusammen. Diese zeigt unter anderm, wie es übrigens auch anschaulich klar ist, daß ceteris paribus die Bahnkurve um so weniger gekrümmt ist, je größer die Geschwindigkeit ist. Wenn nun wirklich die Lichtstrahlen Bahnen materieller Teilchen sind (wenn auch von so geringer Masse, daß sie sich bis jetzt dem Experiment — und zwar dem feinsten, dem optischen, nur in ihren energetischen Eigenschaften gezeigt haben), so muß jedes dieser Teilchen auch den dynamischen Gesetzen gehorchen; vernachlässigt man daher ihre Wechselwirkung, so kann man jedes von ihnen als einen freien materiellen Punkt ansehen, dessen Bewegung den Gleichungen (3) oder (4) genügt. Andererseits müssen dieselben Gesetze wenigstens in großer Annäherung den unter gewöhnlichen Bedingungen beobachteten Tatsachen entsprechen. Diese sind: Geschwindigkeit c und geradliniger Strahlengang auch in dem von Erde und Sonne herrührenden Gravitationsfeld.

7. Numerische Abschätzungen des Gravitationsfeldes des Sonnensystems und der zu erwartenden Krümmung der Lichtstrahlen. Wir können uns davon leicht Rechenschaft geben, indem wir noch die Formel angeben, die in zweiter (und mehr als ausreichender) Annäherung zur Berechnung der örtlichen Krümmung an die Stelle der ersten von den Gleichungen (4) tritt.

Betrachten wir also zunächst die Größenordnung von U, das wir mit dem NEWTONschen Potential der zum Sonnensystem gehörigen Felder identifizieren wollen. Zum Zwecke einer Abschätzung können wir uns auf homogene sphärische Körper beschränken oder auf inhomogene von Kugelsymmetrie. Wenn R der Radius ist, M die Masse und f die Gravitationskonstante, so stellt $\frac{fM}{R}$ das an der Oberfläche herrschende Potential dar, einen Wert, der offenbar der größte ist von allen, die von U in nicht im Innern der anziehenden Kugel befindlichen Punkten angenommen werden; denn diese wirkt auf jeden dieser Punkte so, als wenn die ganze Masse in ihrem Mittelpunkte vereinigt wäre. Was ferner die verschiedenen Körper des Sonnensystems betrifft, so besitzt $\frac{fM}{R}$ offenbar den größten Wert für die Sonne. Jedenfalls handelt es sich um eine Größe (von der Dimension eines auf die Einheitsmasse bezogenen Potentials und daher von der Dimension eines Geschwindigkeitsquadrates, wie unter anderm aus (3) hervorgeht), die sehr klein im Verhältnis zu c^2 ist.

Wir wollen nämlich das Verhältnis $\dfrac{1}{c^2}\dfrac{fM}{R}$ für die Sonne berechnen, indem wir setzen $c = 3 \cdot 10^5$ km/sec und noch die folgenden beiden anderen Daten benutzen: a) der scheinbare Sonnenradius (für einen irdischen Beobachter in mittlerer Entfernung) beträgt rund (relativer Fehler weniger als ein Zehntel Prozent) 16′; b) die (mittlere) Geschwindigkeit der Erde bei ihrer Umkreisung der Sonne beträgt ebenfalls rund (mit einem Fehler von weniger als ein Prozent) 30 km in der Sekunde.

Bezeichnen wir mit $\varDelta$ den mittleren Abstand Sonne-Erde, so wird $\dfrac{R}{\varDelta}$ die Größe des Winkels von 16′ im Bogenmaß sein, also

$$\frac{R}{\varDelta} = 16 \cdot \frac{2\pi}{360 \cdot 60} = \frac{4\pi}{27 \cdot 10^2},$$

oder

$$\frac{\varDelta}{R} = \frac{27 \cdot 10^2}{4\pi} = 214.$$

Man hat also auf Grund der Angabe a)

$$\frac{1}{c^2}\frac{fM}{R} = \frac{\varDelta}{R} \cdot \frac{1}{c^2}\frac{fM}{\varDelta} = 214 \cdot \frac{1}{c^2}\frac{fM}{\varDelta}.$$

Erinnern wir uns andererseits, daß für die Bewegung auf einem Kreis vom Radius $\varDelta$, die unter dem Einfluß einer im Mittelpunkt befindlichen Masse M steht (z. B. auf Grund der ersten der Gleichungen (4)) die Beziehung gilt:

$$v^2 = \frac{fM}{\varDelta}.$$

Wenden wir sie auf die Bewegung der Erde an und berücksichtigen wir die Angabe b), so können wir schreiben

$$\frac{1}{c^2}\frac{fM}{\varDelta} = \left(\frac{v}{c}\right)^2 = 10^{-8},$$

woraus sich ergibt:

(6) $$\frac{1}{c^2}\frac{fM}{R} = 214 \cdot 10^{-8} = 2{,}14 \cdot 10^{-6}.$$

Da, wie schon bemerkt, in dem Ausdruck für das von den Körpern des Sonnensystems herrührende Potential U das

Geometrische Optik und allgemeines EINSTEINsches Relativitätsprinzip.

der Anziehung der Sonne entsprechende Glied einen Maximalwert annimmt, der die analogen Maxima der andern Glieder weit überwiegt, so gilt: **Im ganzen Raume des Sonnensystems entspricht die Größenordnung von $\frac{U}{c^2}$ der Gleichung (6), ist also geringer als einige Millionstel.**

Innerhalb dieser Annäherung finden wir auf Grund der Gleichung (3) gerade das erste Gesetz der geometrischen Optik (Fortpflanzungsgeschwindigkeit $= c$). Es genügt nämlich, der Konstanten E der rechten Seite den Wert $\frac{1}{2} c^2$ zu erteilen, um als strengen Wert von v zu erhalten:

$$v^2 = c^2 + 2U = c^2\left(1 + \frac{2U}{c^2}\right),$$

woraus sich unmittelbar unter Vernachlässigung von $\frac{2U}{c^2}$ (dessen Maximalwert kaum einige Millionstel erreicht) gegen die Einheit, ergibt
$$v = c,$$
w. z. b. w.

Das andere Gesetz, das bisher als Grundlage der geometrischen Optik galt, sagt aus, daß (auch innerhalb von solchen Kraftfeldern, wie sie im Sonnensystem vorkommen) die Strahlen einen geradlinigen Gang haben. Nach dem angenommenen Postulat sind dagegen die Bahnkurven durch die Gleichungen (4) definiert, in die man für v^2 den aus (3) sich ergebenden Wert einzusetzen hat, oder mit der eben angegebenen Annäherung den konstanten Wert c^2; das läßt ohne weiteres erkennen, daß, wenn der Strahlengang auch kein streng geradliniger ist, wie die klassische Physik annimmt, er sich doch nur unbedeutend von einem solchen unterscheidet. Aus der ersten der Gleichungen (4), in der man c^2 für v^2 zu setzen hat, folgt nämlich

$$\frac{1}{\varrho} = \frac{1}{c^2}\frac{dU}{dN}.$$

Die Ableitung $\frac{dU}{dN}$ stellt nun die Kraftkomponente des Feldes in der Richtung N dar und kann daher nicht die Intensität der Kraft selbst übersteigen. Indem wir wieder zu dem typischen Fall der Sonne zurückkehren, durch den die Größenordnung bestimmt wird und berücksichtigen, daß der maximale Wert der Kraft auf der Sonnenoberfläche angenommen wird, finden wir

$$\left|\frac{dU}{dN}\right| \leq \frac{fM}{R^2}$$

und daher

$$\frac{1}{\varrho} \leq \frac{1}{c^2}\frac{fM}{R} \cdot \frac{1}{R}.$$

Der erste Faktor der rechten Seite ist eine reine Zahl und zwar nach (6) der kleine Bruch $2{,}14 \cdot 10^{-6}$. Daraus folgt, daß $\frac{1}{\varrho}$ (d. h. die durch das Gravitationsfeld bewirkte Krümmung der Lichtstrahlen) einen so kleinen Bruchteil von $\frac{1}{R}$ nicht übertrifft; mit andern Worten: Wenn der Krümmungsradius auch nicht gerade unendlich ist, wie für gerade Linien, so ist er doch wenigstens einige Millionen mal größer als der Sonnenradius.

8. Maximaler Ablenkungswinkel, der die Sonnenkorona streifenden Lichtstrahlen. — Anwendung auf einen irdischen Beobachter. Die genaue Form der Lichtstrahlen kann natürlich den Gleichungen (3) und (4) entnommen werden, wo $E = \frac{1}{2}c^2$ ist. Wie mehrfach bemerkt, handelt es sich um Bewegungsgleichungen eines materiellen Punktes in einem konservativen Kraftfeld vom Potential U. Wenn dieses einer einzigen gravitierenden Masse entstammt — denken wir im besonderen an die Sonne —, ist das Problem gerade das der Bewegung eines Punktes, der von einem festen Zentrum angezogen wird, ein Problem, dessen Integration schon von NEWTON ausgeführt ist. Die Bahnkurven sind nach der klassischen Theorie Kegelschnitte mit einem Brennpunkt im Kraftzentrum, und die besondere Art des Kegelschnittes hängt vom Vorzeichen der Konstanten E ab. Wenn $E > 0$ ist — und das ist unser Fall, in dem E der Wert $\frac{1}{2}c^2$ zukommt — haben wir es offenbar mit Hyperbeln zu tun. Schon qualitativ ergibt sich aus dem bereits hervorgehobenen Umstand, daß die Lichtstrahlen nur sehr wenig gekrümmt sind — auch wenn sie sehr nahe an der Sonne vorbeigehen — daß es sich in jedem Falle um Hyperbeln handeln muß, mit den Asymptoten OA', OT', die zusammen fast eine gerade Linie bilden (Fig. 13).

Wir wollen jetzt aber eine genauere Überlegung anstellen: Wir betrachten einen hyperbolischen Sonnenstrahl, der die Sonnenkugel in V berührt. Sei O der Mittelpunkt der Hyperbel, S der Sonne und daher auch der Brennpunkt der Hyperbel. V wird ihr Scheitel sein, und wenn man mit a die reelle Halbachse bezeichnet und mit e die Exzentrizität, so hat man definitionsgemäß:

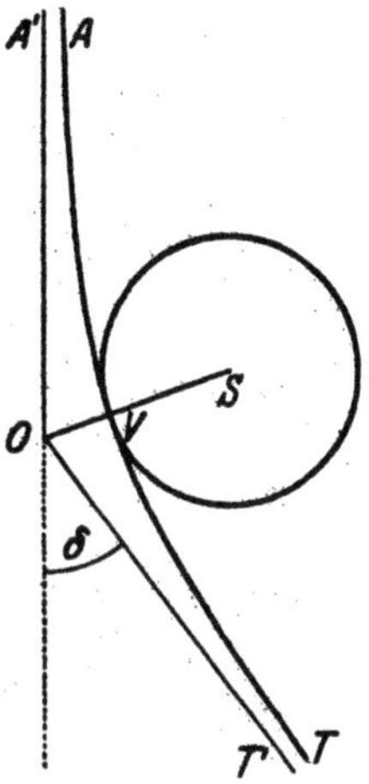

$$OV = a \qquad \overline{OS} = ae$$

$$\overline{SV} = R = a(e-1).$$

Andererseits ist aus der analytischen Geometrie bekannt, daß, unter δ den (äußeren) Winkel zwischen den beiden Asymptoten verstanden, die Gleichung:

$$\operatorname{tg} \frac{1}{2} \delta = \frac{1}{\sqrt{e^2 - 1}}$$

besteht.

In unserem Falle muß δ außerordentlich klein sein, daher auf Grund der eben erhaltenen Formel e außerordentlich groß.

Fig. 13.

Wir können also ruhig die Tangente durch den Bogen ersetzen und $\frac{1}{e}$ gegen die Einheit vernachlässigen. Somit kann man statt:

$$\operatorname{tg} \frac{1}{2} \delta = \frac{1}{e}\left(1 - \frac{1}{e^2}\right)^{-\frac{1}{2}} = \frac{1}{e}$$

schreiben:
$$\delta = \frac{2}{e} = \frac{2}{e} \cdot \frac{1}{1 - \frac{1}{e}} = \frac{2}{e-1}.$$

Indem wir die Relation $R = a(e-1)$ berücksichtigen, ergibt sich endgültig für δ als Funktion der beiden Längen R und a

(7) $$\delta = \frac{2a}{R}.$$

Nun hängt nach der klassischen Theorie bei einer hyperbolischen Bewegung unter dem Einfluß der NEWTONschen Anziehung einer Masse M die reelle Halbachse a mit der Konstanten E der lebendigen Kräfte durch die Gleichung

$$E = \frac{fM}{2a}$$

zusammen.

Entnehmen wir ihr a und setzen für die Konstante E ihren Wert $\frac{1}{2}c^2$, so wird (7)

(7') $$\delta = 2 \cdot \frac{1}{c^2} \frac{fM}{R}$$

und daher mit Rücksicht auf (6)

$$\delta = 4{,}28 \cdot 10^{-6}.$$

Die rechte Seite ist nun eine reine Zahl, die den Winkel δ im Bogenmaß ausdrückt. Um ihn in Sekunden zu erhalten, müssen wir mit

$$\frac{360 \times 60 \times 60}{2\pi} = 57^0\ 17'\ 45'' = 206\,265''$$

multiplizieren, wodurch sich ergibt:

(8) $$\delta = 0''{,}88.$$

Man erkennt sofort, daß dieser Winkel δ gerade das Maß der **Ablenkung** oder der maximalen Winkelabweichung darstellt, die (auf Grund des Proportionalitätsprinzips) ein Sternstrahl durch die Gravitationswirkung der Sonne erleiden kann. Betrachten wir nämlich einen Lichtstrahl, der von einem Stern A ausgeht und zu einem irdischen Beobachter T gelangt, nachdem er, wie in Abb. 13, einen die Sonnenkorona in V streifenden Hyperbelbogen durchlaufen hat. Die Richtung der Hyperbel in T, in der der Beobachter den Lichtstrahl empfängt, fällt mit der Richtung der Asymptote OT' zusammen; die Richtung, in der das Licht vom Stern entsandt wird, ist die der Tangente in A, die ihrerseits mit der andern Asymptote $A'O$ zusammenfällt, w. z. b. w.

Natürlich kann $A'O$ als die Richtung gelten, in der T unter normalen Bedingungen den Stern wahrnimmt, d. h. wenn die Sonne sich aus der Richtung Erde-Stern entfernt und die störende Wirkung der Gravitation verschwindet, so daß der Sehstrahl wieder geradlinig wird (oder nur unmerklich von dem geradlinigen Strahlengang abweicht).

Bemerken wir noch, daß, wenn der Sehstrahl eines Sternes, statt die Sonnenkorona zu berühren, in einer Entfernung $R_1 > R$ vom Sonnenmittelpunkt vorbeigeht, die Ablenkung abnimmt, und zwar gerade im umgekehrten Verhältnis des erwähnten Perihelabstandes R_1.

Um das einzusehen, brauchen wir nur zu beachten, daß der Ausdruck (7) für δ natürlich auch noch für einen beliebigen von der Erde sichtbaren Stern gilt, sofern man nur für R den Perihelabstand R_1 einsetzt. Wir haben also:

$$\delta = \frac{2a}{R_1} = \frac{2a}{R} \cdot \frac{R}{R_1}.$$

Der Faktor $\frac{2a}{R}$ ist soeben berechnet worden; es ergibt sich daher schließlich $\delta = 0'',88 \frac{R}{R_1}.$

Da R einem Winkel von 16' entspricht, so braucht offenbar der Winkelabstand des Perihels vom Sonnenmittelpunkt nur einige Grade zu betragen, damit δ einige Hundertstel Sekunden nicht übersteigt und daher überhaupt nicht zu beobachten ist, und der Lichtstrahl somit streng geradlinig erscheint.

9. **Rückkehr zum allgemeinen Fall eines beliebigen Kraftfeldes. — Variationsbedingung für die Lichtstrahlen, die die gewöhnlichen mit dem Proportionalitätsprinzip verbundenen Anschauungen zusammenfaßt.** Wir haben bereits am Ende von Nr. 6 hervorgehoben, daß sich in einem beliebigen Kraftfeld vom Potential U die Fortpflanzung der Lichtstrahlen aus (3) und (4) ergibt, Gleichungen, die auch für die Bewegung eines materiellen Punktes gelten; nur muß man (Nr. 7) die Konstante der lebendigen Kräfte spezialisieren und ihr den Wert $\frac{1}{2}c^2$ zuschreiben. Daraus folgt:

$$v = \sqrt{c^2 + 2U}$$

und die Variationsbedingung (5), die die mit den Lichtstrahlen zusammenfallenden Bahnscharen zusammenfassend definiert, schreibt sich:

$$\delta \sqrt{c^2 + 2U}\, ds = 0$$

oder, was dasselbe ist, nach Division beider Seiten durch c:

(9) $$\delta \int \sqrt{1 + \frac{2U}{c^2}}\, ds = 0.$$

III. **Die allgemeine Relativitätstheorie und ihre besonderen Folgerungen in bezug auf den Gang der Lichtstrahlen in einem Kraftfeld.**

10. **Raum und Zeit in der klassischen Physik. — Zerstörung der überkommenen Grundvoraussetzungen durch die Relativitätstheorie.** Die beiden wichtigsten Grundsätze für die übliche geo-

metrische und kinematische Darstellung der Naturvorgänge sind die folgenden:

1. Der Raum, in dem sie sich abspielen, ist streng euklidisch, d. h. besitzt die bekannten Eigenschaften, die ihm die unmittelbare Anschauung zuschreibt, idealisiert und systematisiert durch die elementare Geometrie.

2. Die Zeit läßt sich erfassen (wenigstens abstrakt) und messen unabhängig von jedem besonderen Bezugssystem, d. h. es gibt eine absolute Zeit, auf die man sich die Uhren aller Beobachter bezogen denken kann. Es ist das die Zeit, von der die Rede im Trägheitsgesetz ist und dem Gesetz von der Konstanz der Geschwindigkeit c, die das Licht gegen den Äther besitzt, usw.

Die sogenannte beschränkte Relativitätstheorie (oder Relativitätstheorie erster Art) hat nun zuerst diese zweite Auffassung bestritten; sie hat geltend gemacht, daß zwei gegeneinander in (gleichförmiger) Bewegung befindliche Beobachter mit dem gleichen Verfahren (Austausch von Lichtsignalen) zu verschiedenen Zeitabschätzungen gelangen können; daher die Notwendigkeit, das ganze Begriffsgebäude zu ändern, zu verzichten auf die absolute Zeit und dafür ein Postulat einzuführen, das zwei gegeneinander (gleichförmig) bewegten Beobachter sozusagen auf gleichen Fuß setzt. Das Postulat besteht in der Annahme von der Gleichheit der Fortpflanzungsgeschwindigkeit ein und desselben Lichtstrahles, beurteilt von beiden Beobachtern, während nach der klassischen Kinematik diese beiden Geschwindigkeiten sich um die Relativgeschwindigkeit der Beobachter unterscheiden müßten. Dadurch ergibt sich eine Verbindung zwischen den Zeitmaßen und Raummaßen und die Kinematik muß bis zu ihren ersten Elementen entsprechend geändert werden. Indem man die Folgerungen aus diesen Abänderungen berücksichtigt, läßt sich das negative Ergebnis des MICHELSONschen Experimentes in durchaus befriedigender Weise erklären, sowie die teilweise Mitführung der Lichtwellen in einem bewegten Medium, die experimentell von FRESNEL festgestellt wurde, während sich andererseits ergab, daß für die gewöhnlichen Erscheinungen der Mechanik ponderabler Körper (Geschwindigkeiten klein gegen c) die Korrektionen zu vernachlässigen sind.

Obwohl aber die Relativitätstheorie der ersten Art (vom spekulativen Gesichtspunkt aus) die Kinematik und Mechanik und mit ihnen die ganze Physik umstürzte, so ließ sie doch noch, was die Lokalisation der Erscheinungen im Raum betrifft, die Postulate der elementaren euklidischen Geometrie gelten. Zwar waren bekanntlich im verflossenen Jahrhundert leidenschaftliche Auseinandersetzungen über die metrische Natur des Raumes entstanden, angeregt durch die Entdeckung der nichteuklidischen Geometrie (oder der Geometrie von Räumen konstanter Krümmung). Indessen hatten diese Erörterungen auf Grund der astronomischen und mechanischen experimentellen Prüfungen zu dem Ergebnis geführt, daß, wenn der physikalische Raum wirklich ein nicht verschwindendes konstantes Krümmungsmaß besitzen sollte, seine Abweichung von einem euklidischen Raum (dessen Krümmung streng 0 ist) so klein sein müßte, daß sie den feinsten Beobachtungen entgeht. So schien die Gefahr vermieden, Zuflucht zu einem komplizierteren geometrischen Schema nehmen zu müssen, und die Hypothese oder vielmehr das Gefühl konnte sich verstärken, daß unser Raum streng euklidisch sei.

Aber auch dieser wissenschaftliche Glaubenssatz mußte aufgegeben werden, um in einheitlicher Auffassung Raum, Zeit und Gravitation zu begreifen. Dazu gelangt die allgemeine EINSTEINsche Relativitätstheorie. Auch in der kürzesten Form ihren besonderen Gehalt darzustellen, ist unmöglich ohne eine geeignete Vorbereitung. Den Leser, der sich eine Vorstellung von dieser grundlegenden Umformung der Naturwissenschaften bilden will, muß ich auf eine der bis jetzt veröffentlichten ausführlichen Darstellungen verweisen[1]). Ich werde mich hier darauf beschrän-

---

[1]) Vgl. insbesondere EINSTEIN, A.: Über die spezielle und allgemeine Relativitätstheorie. § 14. Aufl. Braunschweig: Vieweg und Sohn 1924. — EDDINGTON, A. S.: Space, time, gravitation. Cambridge: University Press 1920, deutsch von GORDON. Braunschweig: Vieweg und Sohn 1923. — Demjenigen, der tiefer in die Theorie einzudringen und zugleich die mathematische Entwicklung kennenzulernen wünscht, seien besonders empfohlen die Vorlesungen von WEYL, H.: Raum, Zeit, Materie. 5. Aufl. Berlin: Julius Springer 1923. — v. LAUE, M.: Die Relativitätstheorie. 1. Bd. 4. Aufl., 2. Bd. 2. Aufl. 1923. Braunschweig: Vieweg u. Sohn 1921, oder von MARCOLONGO, R.: Relatività. 2. Aufl. Messina: Principato 1923; BIRKHOFF, G. D.: Relativity and modern Physics. Cambridge Mass.: Harvard University Press 1923; EDDINGTON, A. S.; The mathematical theory of relativity. Cambridge: University Press 1923.

ken, über das zu berichten, was unbedingt erforderlich ist, um die Herkunft der Formel zu begreifen, in die sich die Folgerungen für die optischen Erscheinungen erster Annäherung zusammenfassen lassen.

11. Modifikation des Raumbegriffes. — Einfluß auf den Gang der Lichtstrahlen. — Endformel. Die Auffassung von der unbedingten Gültigkeit der euklidischen Geometrie ist nach EINSTEIN durch die in abstrakter Form schon von RIEMANN und CLIFFORD behandelte Hypothese zu ersetzen, daß auch die metrische Natur des Raumes (die in den Beziehungen zwischen den verschiedenen Elementen einer beliebigen Figur zum Ausdruck kommt) von den dort sich abspielenden Naturerscheinungen abhängen könne — insbesondere von der Anwesenheit und der Bewegung der Materie.

Die Hypothese selbst kompliziert sich durch die schon geforderte Verschmelzung von Raum- und Zeitmessung und nimmt feste Gestalt in einem System von Differentialgleichungen an, die diese raumzeitlichen Transformationen beherrschen. Natürlich handelt es sich nur um sehr kleine Deformationen; und diese machen sich nicht in den im gewissen Sinne groben Erscheinungen bemerkbar, die schon in befriedigender Weise durch die gewöhnlichen Theorien dargestellt werden. Aber in einigen wenigen Fällen leiten sich aus der Annahme solcher Deformationen experimentell zu prüfende Folgerungen ab; unter diesen als berühmteste die Erklärung für die Perihelverschiebung des Merkur, der gegenüber alle Anstrengungen der Himmelsmechanik vergeblich geblieben waren, während diese doch ausreichte, um noch feinere Einzelheiten der Planetenbewegungen zu erklären; außerdem — und damit kommen wir zu unserem Gegenstand — die Krümmung der Lichtstrahlen in einem Kraftfeld.

Aus dem vorhergehenden Abschnitt II wissen wir schon, daß es keine Besonderheit der EINSTEINschen Theorie ist, für den Gang der Lichtstrahlen überhaupt eine Krümmung zu ergeben. Auch, wenn man sich ganz auf klassischen Boden stellt, gelangt man zu ihr schon allein mit Hilfe der Zusatzhypothese, daß Energie und Materie nur gradweis verschiedene Erscheinungsformen desselben physikalischen Wesens sind. Die mathematische Entwicklung aus solchen Prämissen führt, wie wir gesehen haben, zur Variationsformel (9), die im allgemeinen den Strahlengang bestimmt, und im besonderen (Formel (8)) zum numerischen Wert $0'',88$ für die durch die Sonne verursachte Ablenkung der ihre Korona streifenden Sternstrahlen.

Was ergibt nun nach Ausführung der Rechnungen die EINSTEINsche Theorie für die Wirkung materieller Massen auf die Lichtfortpflanzung?

Zunächst folgt aus ihr — das ist, wie bemerkt, einer ihrer Hauptpunkte — eine Veränderung der metrischen Natur des umgebenden Raumes, der nicht mehr euklidisch bleibt, sondern sich krümmt, wie das (um zur Veranschaulichung von drei zu zwei Dimensionen herabzusteigen) mit einer ebenen elastischen Membran oder elastischen Platte geschieht, die am Rande befestigt ist, wenn sie z. B. in ihren mittleren Teilen einem Drucke ausgesetzt wird.

Andererseits führt die Theorie selbst (wir wollen uns der Einfachheit halber auf die erste Annäherung beschränken) zu der Einsicht, daß es genügt, die Deformation des Raumes, der direkten Krümmung der Lichtstrahlen zu überlagern, die schon auf energetischem Wege berechnet und durch Gleichung (9) dargestellt wurde.

Schließlich verhält es sich so, als ob der Raum (der in Wirklichkeit gekrümmt ist oder, wenn wir uns einer Entscheidung enthalten wollen, nach der EINSTEINschen Auffassung gekrümmt ist) streng euklidisch wäre und der Gang der Lichtstrahlen durch das Variationsprinzip[1])

(10) $$\delta \int \sqrt{1 + \frac{4U}{c^2}}\, ds = 0$$

bestimmt wäre, wo U das NEWTONsche Potential der betrachteten Massen bedeutet.

Der Vergleich mit (9) zeigt nur einen Unterschied: den Faktor 4 statt 2 vor U. Wir können also schließen, daß auch nach der allgemeinen Relativitätstheorie (bei Beschränkung auf die erste Annäherung, d. h. unter Vernachlässigung der Glieder 2. Ordnung in $\frac{U}{c^2}$) die Lichtstrahlen in einem vom Potential U abgeleiteten Kraftfeld mit einer Schar dynami-

---

[1]) Für den Beweis siehe die Abhandlung: Statica einsteiniana. Rend. della R. Acc. dei Lincei, Bd. 16 (1. Halbjahr 1917), S. 459—470, und ds^2 einsteinani in campi newtoniani I; Generalità e prima approssimazione, ebenda (2. Halbjahr 1917), S. 307—317.

scher Bahnen zusammenfallen, die jedoch zu dem doppelten Potential $2U$ gehören, wobei die für die Schar charakteristische Konstante $\frac{1}{2}c^2$ ist. (Dies, wie in der gewöhnlichen Theorie, unter Heranziehung des Proportionalitätspostulates.)

Die Ersetzung von U durch $2U$ in der die Lichtstrahlen definierenden zusammenfassenden Gleichung führt natürlich zu derselben Substitution in den aus ihr hervorgehenden Gleichungen. Unter Bezugnahme auf den besonderen in Abschnitt II behandelten Fall der Sonnenanziehung, für den $U = \dfrac{fM}{r}$ ist (r Abstand vom Sonnenmittelpunkt) genügt es, in den verschiedenen Formeln den Koeffizienten fM zu verdoppeln.

So ergibt sich aus den Gleichungen (7') und (8), daß die von der EINSTEINschen Theorie geforderte Ablenkung (der die Sonnenkorona streifenden Sternstrahlen) das Doppelte der Ablenkung beträgt, die sich nach der gewöhnlichen Theorie auf Grund der einfachen Proportionalität zwischen Energie und Masse berechnet, und daß sie den Wert
$$1'',76$$
besitzt. Diese Größenordnung ist genauen astronomischen Messungen vollständig zugänglich.

Man beachte noch, daß für Jupiter der entsprechende Effekt unter den günstigsten Bedingungen kaum $0'',017$ erreicht und somit unmeßbar bleibt.

12. Experimentelle Prüfung. — Die etwaigen von der Sonne herrührenden Winkelverschiebungen müssen während einer Sonnenfinsternis wirklich beobachtbar werden. Theoretisch genügt es, irgendeinen Fixstern auszuwählen, von dem im Augenblick der Finsternis ein die Sonne streifender Strahl die Erde trifft und die dabei beobachtete Lage mit den Katalogen entnommenen zu vergleichen. Praktisch muß man bei der begrenzten Genauigkeit der Kataloge, die zu Unsicherheiten von der Größenordnung einer Sekunde Anlaß geben kann, zum Vergleich von Photographien (von Himmelszonen, die der Sonnenkorona sehr benachbart sind) seine Zuflucht nehmen, die einerseits während der Sonnenfinsternis, andererseits unter normalen Bedingungen aufgenommen werden.

Ein erster Versuch in dieser Hinsicht wurde am LICK-Observatorium im Jahre 1918 unternommen; aber die Beobachtungsgenauigkeit erwies sich als nicht ausreichend.

Zur Beobachtung der totalen Sonnenfinsternis vom 29. Mai 1919 wurden zwei gleichzeitige Expeditionen von der Königlichen Gesellschaft in London ausgerüstet: Eine arbeitete in Sobral in Nordbrasilien, die andere auf der Insel Prinzipe im Golf von Guinea, beides Orte in der Zone der totalen Sonnenfinsternis. Die Ergebnisse, die von diesen beiden Expeditionen erhalten wurden, lassen sich folgendermaßen zusammenfassen[1]: Das Mittel der in Sobral beobachteten Verschiebungen gibt für die Ablenkung $1'',98$ (mit einem wahrscheinlichen Fehler von $\pm 0'',12$; analog ergibt sich aus den Beobachtungen in Prinzipe $1'',61$ (mit einem wahrscheinlichen Fehler von $\pm 0'',30$). Zwischen beiden experimentellen Werten liegt die von der EINSTEINschen Relativitätstheorie geforderte mittlere Ablenkung $1'',76$. Diese hat so eine neue glänzende Bestätigung erfahren; denn durch die Erfahrung wird in unzweideutiger Weise sowohl der von der geometrischen Optik geforderte Wert Null für die Ablenkung ausgeschlossen, als auch der Mittelwert der Ablenkung $0'',88$, auf den die gewöhnliche Theorie führt (Nr. 8), wenn man ihr das einfache Prinzip der Proportionalität von Masse und Energie hinzufügt.

Zusatz zur deutschen Übersetzung (November 1923).

Zur Beobachtung der Sonnenfinsternis im September 1922 wurden drei Expeditionen in die Zone der Totalität entsandt. Nur die amerikanische Expedition nach West-Australien (Wallal) unter der Leitung von W. W. CAMPBELL konnte erfolgreiche Beobachtungen im Augenblick der Verfinsterung anstellen. Die beiden anderen Expeditionen wurden durch Wolken in ihren Beobachtungen gehindert.

Die Winkelverrückungen der verschiedenen beobachteten Sterne (bezogen auf den Rand der Sonnenkorona) variieren von einem Minimalwert im Betrage von $1'',59$ bis zu einem Maximal-

---

[1] DYSON, EDDINGTON und DAVIDSON: A determination of the deflection of light by the Sun's gravitational field, from observations made at the total eclipse of May 29. 1919. Transactions of the Royal Society of London, S. A. Bd. 220, S. 291—333, 1920.

wert von 1",86 und besitzen einen Mittelwert von 1",74[1]). Es handelt sich allerdings um Sterne, die verhältnismäßig weit vom Sonnenrand entfernt sind, und die daher, wie in Nr. 8 bemerkt, eine ziemlich kleine Ablenkung ergeben. Die beobachteten Werte weisen ferner eine beträchtliche Streuung um den Mittelwert 1",74 auf[2]), so daß nach der Ansicht vieler Astronomen diese Werte keine neue und entscheidende Bestätigung des EINSTEIN-Effektes darstellen, ohne daß sie jedoch irgendwie gegen sein Vorhandensein sprechen.

---

[1]) Vgl. Nature, 21. April 1923, S. 541.
[2]) Lick Observatory Bulletin, Nr. 346 (August 1923).

MIX
Papier aus verantwortungsvollen Quellen
Paper from responsible sources
FSC® C105338

If you have any concerns about our products,
you can contact us on
ProductSafety@springernature.com

In case Publisher is established outside the EU,
the EU authorized representative is:
**Springer Nature Customer Service Center GmbH
Europaplatz 3, 69115 Heidelberg, Germany**

Printed by Libri Plureos GmbH
in Hamburg, Germany